DARWIN

FOLHA
EXPLICA

DARWIN

MARCELO LEITE

PUBLIFOLHA

Editor
Arthur Nestrovski

Assistência editorial
Thiago Blumenthal

Coordenação de produção gráfica
Soraia Pauli Scarpa

Assistência de produção gráfica
Mariana Metidieri

Projeto gráfico da coleção
Silvia Ribeiro

Revisão
Agência de Letras e Luicy Caetano

Editoração eletrônica
Carla Castilho | Estúdio

Capa
© LatinStock
Retrato de Charles Darwin, 1874

Dados Internacionais de Catalogação na Publicação (CIP)
(Câmara Brasileira do Livro, SP, Brasil)

Leite, Marcelo
Darwin / Marcelo Leite. – São Paulo : Publifolha, 2009. – (Folha Explica; v. 80)

Bibliografia.
ISBN 978-85-7914-021-1

1. Darwin, Charles, 1809-1882 2. Evolução – História 3. Seleção natural – História I. Título. II. Série.

09-00144 CDD-575.0162

Índices para catálogo sistemático:
1. Darwinismo : Evolução : Ciências biológicas 575.0162
2. Evolução : Teoria de Darwin : Ciências biológicas 575.0162
1. Seleção natural : Teoria de Darwin : Ciências biológicas 575.0162

A grafia deste livro segue as regras do **Novo Acordo Ortográfico da Língua Portuguesa**.

PUBLIFOLHA

Divisão de Publicações do Grupo Folha
Al. Barão de Limeira, 401, 6º andar
CEP 01202-900, São Paulo, SP
Tel.: (11) 3224-2186/2187/2197
www.publifolha.com.br

SUMÁRIO

Para Paula e Ana

INTRODUÇÃO: 150 ANOS PERDIDOS?

Em meados de 2008, o terceiro ano (antiga segunda série) do ensino fundamental 1 de uma das mais tradicionais escolas de São Paulo adotou na aula de ciências a apostila *Ciências – Projeto Inteligente*,[1] da coleção "Crescer em Sabedoria". Quem pegasse o livro em mãos poderia verificar que se tratava de uma tradução e adaptação da série *Purposeful Design Science* ("Ciências – Projeto Inteligente", na versão brasileira), da Associação Internacional de Escolas Cristãs, de Colorado Springs (Colorado, EUA). Folheando as 49 páginas da obra didática, o leitor encontraria uma dezena de menções a Deus, como esta:

> *No início de tudo, Deus criou o Universo. Nesse Universo tão grande, colocou um planeta ao qual chamamos Terra. A Terra é o nosso lar. Nesse livro, aprenderemos*

[1] 3º ano – Volume I. São Paulo: Salesiana, 2008.

> *um pouco mais sobre a "nossa casa" e sobre os seres que moram nela. Assim poderemos entender melhor onde vivemos e cuidar melhor desta linda casa que Deus criou: a Terra.*
> *Quando Deus formou a Terra, criou primeiro o ambiente. Criou elementos não vivos, como o ar, a água e o solo. Depois, Deus criou os seres vivos para morarem nesse ambiente. (p. 10)*

Cinco páginas adiante, encontrava-se no item 2.1 ("O plano de Deus para os ambientes") uma entre várias citações da *Bíblia*, em meio a uma disparatada enumeração de "habitats" (Região Polar, Mata Atlântica, Caatinga, Floresta Amazônica, Oceano, Pantanal, Manguezal, Cerrado): "É por sua ordem que a águia se eleva e no alto constrói o seu ninho. Um penhasco é a sua morada e ali passa a noite; uma escarpa rochosa é a sua fortaleza. De lá sai ela em busca de alimento; de longe os seus olhos o veem" (Jó 39,27-29). Qualquer pessoa de bom senso, nessa altura, já estaria a se perguntar: o que isso tudo teria a ver com o ensino de ciências?

A bem dizer, nada. Tratava-se de propaganda religiosa. Não se dava nem ao trabalho de camuflar o espírito de catequese que a movia, como preferem fazer muitos adeptos do chamado "*design* inteligente", que põem de lado a narrativa bíblica do Gênese em favor de um percurso mais tortuoso e aparentemente leigo, "científico", para buscar e encontrar na biologia testemunhos da criação divina: a aparente perfeição e a complexidade quase barroca da adaptação de espécies ao meio são reinterpretadas como obras de uma inteligência superior, oculta e onisciente – Deus, numa palavra.

Mesmo numa escola confessional, não deixa de ser espantoso que, na maior cidade do hemisfério Sul, um século e meio depois da publicação de *Origem das*

Espécies e dois séculos após o nascimento de seu autor, Charles Darwin (1809-82), ainda sejam ministradas a crianças como se fossem ciência ideias sobre o fenômeno da vida que esse livro célebre tanto fez para erradicar do corpo de conhecimentos seguros que devem estar na base da educação, em favor de uma explicação mais racional e objetiva do mundo. Terão sido inteiramente perdidos os 150 anos de teoria da evolução por *seleção natural*, a grande contribuição de Darwin para as ciências da vida e para o pensamento contemporâneo?[2]

DISPARATES RELIGIOSOS

Um dos maiores biólogos do século 20, o americano de origem russa (e cristão ortodoxo) Theodosius Dobzhansky (1900-75), afirmou em 1964 que "nada em biologia faz sentido a não ser sob a luz da evolução".[3] Como a teoria da evolução darwiniana é incompatível com a narrativa bíblica do Gênese, levada esta ao pé da letra, misturar as duas coisas numa aula de ciências equivale a deseducar os alunos em matéria de biologia.

Se um estudante afirmar numa prova escrita de vestibular que Deus criou o mundo em sete dias, meia dúzia de milênios atrás, e não que a Terra tem cerca de

---

[2] A direção do colégio justificou na época que considera legítimo uma escola confessional cristã apresentar outras visões sobre a origem das espécies, em nome do pluralismo, e que não deixaria de apresentar o darwinismo aos alunos no momento propício, o ensino fundamental 2. O caso foi objeto de uma coluna de minha autoria para a *Folha*. www1.folha.uol.com.br/fsp/ciencia/fe3011200805.htm

[3] A frase daria título, nove anos depois, a um famoso ensaio de Dobzhansky publicado no periódico acadêmico *The American Biology Teacher*, vol. 35, 1973, pp. 125-29. www.pbs.org/wgbh/evolution/library/10/2/text_pop/l_102_01.html

4,5 bilhões de anos de idade, o corretor terá de marcar a resposta como errada, pois a primeira afirmação não pode ser corroborada com fatos, observações e medições, como a segunda. "É um disparate tomar as Sagradas Escrituras como livros didáticos elementares de astronomia, geologia, biologia e antropologia", concluiu Dobzhansky em seu ensaio.

O disparate ficou mais evidente a partir de 1859, ano de publicação de *Origem das Espécies*. Neste livro, Darwin apresentou um conjunto de ideias – a teoria da evolução por seleção natural – que viria a revolucionar a nascente ciência da biologia nos anos subsequentes. A teoria diz que todos os seres vivos eram descendentes de um ancestral comum e suas diversas espécies tinham surgido por uma lenta e gradual acumulação de diferenças. As diferenças, quando favoráveis à sobrevivência e à reprodução do organismo, tendem a ser preservadas nas gerações seguintes, pois os microrganismos, plantas ou animais dotados com essas características adaptativas deixavam mais descendentes. Darwin chamou esse processo de "seleção natural", por analogia com a seleção artificial realizada por criadores de animais e melhoristas de plantas, ou seja, a prática de separar para reprodução só os indivíduos com as qualidades desejadas (patas mais curtas, por exemplo) e descartar os outros. Com uma diferença fundamental: não há criadores nem um Criador por trás da seleção natural, daí toda a incompatibilidade com a narrativa bíblica do Gênese.

No entanto, o disparate ainda circula por aí, e não só em escolas confessionais conservadoras paulistanas. Como se pode notar pela conexão do livro da coleção "Crescer em Sabedoria" com a Associação Internacional de Escolas Cristãs, o chamado "criacionismo" é um movimento multinacional que tem seu epicentro nos Estados Unidos. Até a década de 1960, era comum escolas americanas simplesmente omitirem a teoria da evolução; a partir daí, a crescente importância da ciência empírica para o ensino formal e técnico levou à disseminação progressiva do darwinismo pelo sistema educacional. Fundamentalistas engajaram-se então numa guerra de trincheiras em comitês educacionais de distritos e até Estados para tentar garantir que a narrativa bíblica fosse ensinada ao menos em pé de igualdade com a teoria darwiniana.

A campanha foi parar nos tribunais, onde sofreram derrotas e mais derrotas. Uma das mais recentes e notáveis sobreveio em dezembro de 2005, quando o juiz federal John E. Jones III – republicano como o então presidente que o nomeou, George W. Bush – decidiu que era inconstitucional o distrito educacional de Dover, na Pensilvânia, apresentar o *design* inteligente, nos cursos de biologia, como alternativa à evolução. "Certamente a teoria da evolução de Darwin é imperfeita", afirmou Jones em sua decisão.[4] "No entanto, o fato de uma teoria científica ainda não poder oferecer uma explicação para cada ponto não deve ser usado como pretexto para lançar uma hipótese alternativa baseada em religião nas aulas de ciências, ou para deturpar proposições científicas bem-estabelecidas." Para o juiz, ensinar as duas explicações lado a lado, como se ambas fossem equivalentes, afronta a primeira emenda da Constituição americana, que, na interpretação consagrada durante o século 20, impede o Estado de promover a religião.

---

[4] A íntegra do texto da decisão pode ser lida em www.pamd.uscourts.gov/kitzmiller/kitzmiller_342.pdf.

MAIS QUE "UMA TEORIA"

É comum os defensores do criacionismo argumentarem que a evolução por seleção natural é "só uma teoria", assim como o *design* inteligente, e que portanto ambas podem e devem ser ensinadas lado a lado. Na realidade, trata-se de um jogo de palavras que apela ao sentido comum, e não técnico, do termo "teoria". Somente na linguagem do dia-a-dia se permite falar em "teoria" quando se quer fazer referência a explicações que não têm base em fatos, apenas na convicção de quem as formula. Em ciência, uma teoria corresponde a um conjunto de explicações e proposições coerentes que, por definição, precisam de observações em que se apoiar. Uma teoria que não seja corroborada por fatos e medições consensualmente aceitos por muitos cientistas termina rejeitada pela comunidade de pesquisa. Neste sentido, a evolução é fato (aceito pela ciência), e o criacionismo, mesmo na versão disfarçada como *design* inteligente, não é.

Este livro se concentrará na primeira parte dessa última afirmação. Seu objetivo é mostrar como a teoria darwiniana veio a tornar-se a melhor e mais resistente explicação para o fenômeno da vida tal como a conhecemos hoje e, tanto quanto podemos reconstruí-lo, em seu passado de quase 4 bilhões de anos. O leitor não encontrará aqui uma refutação ponto por ponto do criacionismo, ou uma exposição ainda que genérica de suas fraquezas. Apenas a robustez do pensamento darwiniano estará em foco, pois seria injusto, diante de sua contribuição para o avanço da ciência biológica, colocá-lo no mesmo plano de convicções de fundo religioso.

O fio condutor do livro é a própria vida de Darwin. O primeiro capítulo se debruça sobre sua juventude e a formação recebida, originalmente destinada a transformá-lo num médico, como o pai. Logo cedo em seus estudos, Darwin revelou tanto inclinação quanto talento para a investigação científica, o que paradoxalmente terminou por afastá-lo do ensino convencional da medicina em seu tempo e aproximá-lo de professores concretamente engajados em pesquisa sistemática, como geólogos e botânicos. Quando se tornou evidente para o jovem – e, dolorosamente, para seu pai – que ele nunca chegaria a ser médico, o plano B foi encaminhá-lo para a teologia, com vistas a fazer dele um membro do clero, como muitos estudiosos de ciências naturais da época.

Já concluindo seus estudos, Darwin recebeu uma carta em 1831 que mudaria sua vida e a nossa: o convite para embarcar como naturalista no "Navio de Sua Majestade" *(H.M.S.)* Beagle, durante viagem de reconhecimento de dois anos pelo mundo, sob o comando do capitão Robert FitzRoy. Os anos embarcados se transformariam em cinco, período em que Darwin amealhou um acervo de observações, espécimes e reflexões que acabaria por conduzi-lo à ideia de que a enorme diversidade de espécies vivas no mundo tinha como origem um ancestral comum e de que sua diferenciação, por intermédio do que chamou de seleção natural, ocorrera ao longo de um tempo muito longo, incompatível com a escala milenar das narrativas bíblicas. Esse périplo ao redor do planeta, uma das viagens mais famosas da história da ciência, constitui o núcleo do segundo capítulo.

Ao desembarcar do Beagle, Darwin já gozava de prestígio entre alguns cientistas de peso, pois se espalhava entre eles a qualidade das coleções de espécimes que enviara ao longo de toda a viagem para seus mentores. Publicou um relato da expedição, *A Viagem do Beagle*, que se tornou uma espécie de *best-seller* na Inglaterra ávida por leituras exóticas. Mas demorou mais de 20 anos para publicar sua teoria, cujos pilares já assentava desde 1837, e só o fez quando ficou ameaçado de perder a primazia sobre o conceito de seleção natural para Alfred Russel Wallace, naturalista mais jovem que lhe enviou uma célebre carta expondo ideias quase idênticas às suas e pedindo sua opinião.

Ao ser publicado em 1859, o livro *Origem das Espécies* esgotou-se rapidamente e deu início à controvérsia entre religião e ciência que prossegue até os dias de hoje, embora a pesquisa não cesse de ampliar o edifício de evidências que apoiam a evolução por seleção natural para além de qualquer dúvida. Esse período de grande relutância de Darwin, assim como a repercussão de sua obra principal, é o tema do terceiro capítulo deste livro.

O volume se encaminha para uma breve conclusão que tem o objetivo de aquilatar e expor a inestimável contribuição de Darwin para o pensamento contemporâneo. Mais que isso, procura mostrar que as implicações do darwinismo vão muito além da biologia e até mesmo da esfera das ciências naturais, com ramificações pelas ciências humanas e por toda a cultura. Darwin já fez muito para alterar as noções correntes sobre a vida e sobre o ser humano nos últimos 150 anos, mas talvez não seja um exagero dizer que isso foi só o começo de uma revolução ainda mais profunda.

1. A VIDA ANTES DO *H.M.S.* BEAGLE

Historiadores, sociólogos e psicólogos nunca chegarão a uma conclusão segura acerca da proporção correta de influência que as características de uma pessoa podem ter sobre o curso da história, em especial no caso daquelas que se tornam suas protagonistas. O mesmo vale para a história da ciência. Certamente a teoria da evolução por seleção natural seria formulada por outra pessoa – como de resto o foi, simultaneamente, por Alfred Russel Wallace – que não Charles Darwin. Mas o fato de ter sido ele e não outro o ator principal dessa aventura intelectual que subverteu noções milenares sobre a natureza e o lugar do homem nela parece ter suas raízes mais fundas num traço um tanto prosaico da personalidade de Darwin: seu talento como colecionador.

"Minha paixão por colecionar – que pode levar um homem a se tornar um naturalista sistemático, um virtuoso ou um avarento – era forte e claramente inata, já que nenhuma de minhas irmãs nem meu irmão jamais teve essa preferência", destacou o próprio Darwin em sua *Autobiografia*, escrita em 1876.[5] Filho de um médico bem-estabelecido em Shrewsbury, no condado de Shropshire (oeste da Inglaterra), o menino Charles deu vazão a seu talento (ou obsessão) em incursões solitárias pelos arredores da casa da família na pequena localidade, com indiscutível prejuízo para seu desempenho escolar.

Refratário desde o princípio aos rigores do ensino da época, baseado no estudo de letras clássicas, Darwin passou pela escola como um aluno medíocre, que chamou a atenção do diretor mais por seu interesse pela "inútil química" do que por qualquer outra coisa. Aos olhos do pai, que nutria o plano de transformá-lo num grande médico, as inclinações para colecionador e naturalista do jovem apareciam como uma perda de tempo, como lhe disse de modo um tanto direto: "Você só dá importância à caça, aos cães e à captura de ratos, e será uma vergonha para si mesmo e para toda a sua família".[6]

NEM MÉDICO, NEM PASTOR

Não é de estranhar que um moço assim despreocupado não tenha obtido um desempenho notável quando enviado em 1825 para a Universidade de Edimburgo, na Escócia, onde deveria estudar medicina. O próprio Darwin confessa que não fez grande esforço para adquirir a respeitável profissão do pai, pois àquela altura já

---

[5] *Autobiografia*, p. 19. As referências bibliográficas completas de todas as obras citadas estão na Bibliografia, ao final deste volume.

[6] Idem, p. 24.

estava convencido de que este lhe deixaria uma renda suficiente para se sustentar. Além disso, as aulas de anatomia causaram-lhe grande repulsa, deixando claro que a medicina não era para ele.

Desgostoso com o fracasso anunciado do filho na sua profissão, Robert Darwin determina em 1827 que ele se mude para a Universidade de Cambridge e estude para se tornar um pastor – ideia que agrada a Darwin, porque lhe daria tempo livre nalguma localidade do interior da Inglaterra para perseguir seus interesses naturais. "Pelo pouco que sabia do assunto e havia pensado nele, tinha escrúpulos em declarar minha crença em todos os dogmas da Igreja da Inglaterra. Afora isso, agradava-me a ideia de ser pastor no interior",[7] escreveu, com notável honestidade – uma característica que lhe traria muito desconforto no futuro.

Ainda em Edimburgo, Darwin ganhou outras habilidades, como a taxidermia. Esse aprendizado também se revelaria de grande utilidade para o naturalista no futuro cruzeiro do Beagle, pois viajaria sem auxiliares e teria de preparar ele próprio todos os espécimes de fauna que coletasse, como os famosos tentilhões e *mocking-thrushes* (parentes do sabiá) das ilhas Galápagos. Darwin aprendeu as técnicas de um homem negro, John Edmonstone, a quem se afeiçoou, o que parece ter contribuído para dotá-lo de uma atitude aberta para com pessoas que muitos em seu tempo consideravam "inferiores".

"Havia em Edimburgo um negro que tinha viajado com [Charles] Waterton e ganhava a vida empalhando pássaros com perfeição",[8] conta Darwin; "eu lhe pagava para me dar aulas e costumava conversar

---

[7] Idem, p. 48.

[8] Idem, p. 44.

com ele frequentemente, pois era um homem muito agradável e inteligente". Decerto não foi só esse conhecimento que influenciou suas convicções abolicionistas, pois essa era uma opinião corrente tanto na família de seu pai quanto na de sua mãe, os Wedgwoods, proprietários progressistas de uma próspera indústria de porcelana, que mantinham laços estreitos com os Darwins.[9]

Muitas eram as paixões do jovem Darwin vinculadas com a natureza. Caçar foi uma atividade muito praticada, durante a vida de estudante, a ponto de tornar-se um exímio atirador – destreza que se revelaria útil nas muitas excursões por terra durante a viagem do Beagle. "Em 1822 [...] durante um passeio a cavalo pelas fronteiras do País de Gales, despertei para o prazer de admirar paisagens, o mais duradouro de todos os prazeres que senti na vida",[10] escreveu o futuro entusiasta da geologia. E cachorros, por certo: "Meu amor pelos cães era uma paixão. Os cachorros pareciam saber disso, pois eu era perito em fazê-los gostar mais de mim do que de seus donos".

Foi com besouros, contudo, que Darwin descobriu sua vocação de colecionador, tornando-se um meticuloso e contumaz revirador de pedras e galhos podres. "Nenhuma atividade em Cambridge foi praticada com tanto interesse ou me deu tanto prazer quanto colecionar besouros. Tratava-se de uma paixão simples, pois eu não os dissecava e raramente comparava suas características externas com as descrições publicadas. Mesmo assim, eu os dominava."[11] Certa vez, num célebre episódio, o jovem Charles já trazia um coleóptero em cada mão, ambas fechadas, quando

[9] O próprio Charles Darwin se casaria mais tarde com Emma Wedgwood, sua prima.

[10] *Autobiografia*, p. 37.

[11] Idem, p. 53.

pôs os olhos sobre um terceiro e não hesitou: meteu na boca o que estava numa das mãos, para deixá-la livre, mas a secreção do besouro abrigado no lugar incomum revelou-se insuportavelmente amarga, e o ávido colecionador teve de cuspi-lo longe.

Entre uma excursão campestre e outra, Darwin lia muito, mas não necessariamente o que dele se exigia nos cursos. Conta que leu ainda em Edimburgo obras de Jean-Baptiste de Lamarck e de Erasmus Darwin (seu avô), duas figuras de proa nos debates da época sobre a origem da diversidade das espécies, sem que nenhum deles lhe deixasse uma impressão profunda.

Lamarck era um dos mais destacados transformistas, ou seja, adepto da noção de que as espécies animais e vegetais se transformavam ao longo do tempo para adaptar-se a novas exigências do ambiente. Contrariava, portanto, o dogma dos fixistas, segundo o qual as espécies haviam sido criadas todas por Deus como são no presente. Para Lamarck, a adaptação ao ambiente era dinâmica: estruturas da anatomia dos organismos se desenvolviam ou atrofiavam na medida de sua utilidade para sobrevivência em determinado meio (como sugere o lugar-comum sobre o pescoço da girafa, que do ponto de vista lamarckista se alongaria para alcançar folhas tenras mais altas das árvores), modificações essas que seriam então herdadas pelas novas gerações. Para seus oponentes fixistas, esses casamentos perfeitos entre forma e função – dos quais a natureza é tão pródiga em exemplos – resultariam não de uma transmutação das espécies, como se dizia na época, mas do desígnio divino, coisas arquitetadas diretamente por Deus num mundo criado para ser perfeito.

Nos séculos 18 e 19, os europeus viviam um caso de amor com a imensa diversidade da natureza que a expansão colonial descortinava, aos poucos, diante de seus olhos. Foi a era das grandes coleções de espécimes exóticos, os "gabinetes de curiosidades" que se tornariam embriões dos museus de história natural, quando aquilo que surgira como um colecionismo cultivado por senhores abastados se transformou num empreendimento dos próprios Estados em expansão por novos territórios de além-mar.

Como tantos intelectuais de seu tempo, Darwin era um consumidor de relatos de viagem, e reservou elogios entusiásticos para a obra de Alexander von Humboldt (1769-1859) sobre suas viagens pela América do Sul e pelo Caribe: "Durante meu último ano em Cambridge, li com atenção e interesse a *Narrativa Pessoal*, de Humboldt. Esse trabalho e a *Introdução ao Estudo da Filosofia Natural*, de *Sir* J. Herschel, despertaram em mim um ardoroso desejo de acrescentar nem que fosse a mais humilde contribuição à nobre estrutura da ciência natural. Nenhum outro livro, ou mesmo uma dúzia deles, influenciou-me tanto quanto esses dois".[12]

DE CAMBRIDGE AO BEAGLE

Em Cambridge, Darwin ampliou seus horizontes, estudando luminares do pensamento britânico, como o profeta do mercado Adam Smith e o filósofo empiricista John Locke. O afinco de Darwin na coleção e classificação de besouros fez com que caísse nas graças de naturalistas de prestígio, como o botânico John Stevens Henslow (1796-1861). Além de acompanhar Henslow em suas excursões de campo, Darwin passou a frequen-

[12] Idem, p. 58.

tar sua casa, onde travou contato com outros acadêmicos ilustres de Cambridge, como o filósofo da ciência William Whewell e o geólogo Adam Sedgwick.

Ao se graduar, em 1831, o jovem Charles foi encorajado por Henslow a aprofundar seus estudos em geologia, disciplina que estava em grande voga na época com a publicação das ideias revolucionárias de Charles Lyell, em 1830, no livro *Princípios de Geologia* – obra que Darwin levou consigo a bordo do Beagle e que exerceria grande impacto sobre seu pensamento. No cerne da geologia "uniformitarianista" de Lyell estava a noção de que as formações visíveis na crosta da Terra não eram produto só de cataclismas ao estilo do dilúvio bíblico, como acreditavam "catastrofistas" de inspiração cristã, mas resultado da ação paulatina de forças semelhantes às que podiam ser testemunhadas pelos naturalistas, como a ação erosiva dos ventos e da água. Em outras palavras, a face do mundo podia ser explicada sem recurso a eventos especiais e extraordinários, bastando para isso a observação sistemática de mecanismos à vista de todos. Além disso, foi a geologia que treinou Darwin no raciocínio histórico e na capacidade de apreender estruturas em seu conjunto, uma forma de imaginação científica que ele exerceria com grande entusiasmo em seu giro pelo mundo na companhia do capitão FitzRoy.

"A viagem do Beagle foi, sem dúvida, o acontecimento mais importante da minha vida e determinou toda a minha carreira; no entanto, decorreu de uma circunstância insignificante, como a oferta de meu tio de me dar uma carona de 50 km até Shrewsbury, o que poucos tios teriam feito, e de uma banalidade como o formato de meu nariz."[13] Neste último caso, referia-se

[13] Idem, p. 66.

à primeira impressão que o órgão nasal deixou em Fitz-Roy, cuja conformação fora interpretada pelo capitão como indicativa de falta de energia e de determinação. "Mais tarde, no entanto, creio que ficou satisfeito com o fato de meu nariz não ter dito a verdade."[14] Já a alusão ao tio, Josiah Wedgwood II, envolvia um episódio decisivo para o acontecimento mais importante de sua vida.

Em janeiro de 1831, Darwin deixou Cambridge de posse de um bacharelado em artes. Por iniciativa e recomendação do mentor Henslow, o candidato a cientista de 22 anos, já decidido a tornar-se geólogo e obcecado com realizar uma viagem a Tenerife (ilhas Canárias), engajou-se em agosto do mesmo ano numa viagem de campo com Adam Sedgwick, então presidente da Sociedade Geológica e professor na Universidade de Cambridge. A ideia era dar ao rapaz uma aula prática de como se pode reconstruir a geologia de uma região viajando por ela e observando-a atentamente; Darwin anotaria com ironia, 45 anos mais tarde, em sua *Autobiografia*, que ambos deixaram escapar os evidentes sinais de ação de uma geleira sobre o vale Cwm Idwal, pois Sedgwick cismava em procurar fósseis. Abandonou então a viagem de campo com o intuito de voltar a Shrewsbury e dedicar-se a uma de suas atividades preferidas: "Nessa época, nada me faria renunciar aos primeiros dias da caça à perdiz em nome da geologia ou de qualquer outra ciência".[15]

Ao retornar da excursão para a casa do pai em Shrewsbury, Darwin recebeu uma carta de Henslow com uma proposta que pareceu irrecusável ao jovem: embarcar como naturalista por dois anos no navio Beagle para uma viagem de circunavegação pelo hemisfério

[14] Idem, p. 62.

[15] Idem, pp. 60-61.

Sul. Seu capitão, Robert FitzRoy, havia sido convocado para fazer levantamentos detalhados das costas da América do Sul e realizar leituras dos cronômetros mais exatos daqueles tempos, com a finalidade de determinar longitudes com maior precisão e assim dotar a potência naval britânica com os melhores mapas do planeta. O escolhido para compartilhar aposentos com FitzRoy viajaria como voluntário, sem receber pagamento. Darwin viu na viagem a oportunidade de aproximar-se do ideal de cientista representado em sua imaginação pela figura imponente de Humboldt.

Seu pai, no entanto, parece não ter enxergado na aventura utilidade alguma para a projetada carreira de pastor, mas deixou uma porta aberta dizendo ao filho que, se este pudesse encontrar alguém de bom senso – pelo visto, não considerava que Charles o possuísse em quantidade aceitável – que lhe recomendasse ir, daria o seu consentimento. Darwin viajou então para Maer, para a abertura da estação de caça à perdiz, onde se encontrou com o tio Josiah, a quem contou da proposta e da resistência paterna. Voltou de carruagem com o tio para Shrewsbury, onde este o ajudou a convencer Robert Darwin de que a viagem do Beagle era uma chance irrecusável para alguém com os talentos do sobrinho.

Charles Darwin partiu então no rumo de Cambridge, para aconselhar-se sobre a viagem com Henslow, que fizera a indicação. De lá se dirigiu a Londres para entrevistar-se com FitzRoy, um aristocrata religioso e autoritário apenas quatro anos mais velho que ele, adepto do fisionomista suíço Johann Kaspar Lavater,[16] cuja doutrina supostamente permitiria ler os traços de caráter de uma pessoa pela análise criteriosa de seus traços

---

[16] *The Scholar Who Changed Human History*, p. 28.

faciais e quase foi responsável por impedir aquela que alguns consideram a viagem mais importante da história da ciência contemporânea.

Seguiram-se vários meses de preparativos em Londres. Darwin foi às compras para montar seu arsenal de naturalista, que incluía os *Princípios de Geologia* de Lyell, um microscópio portátil e até uma pistola de bolso menor que a palma da mão. Finalmente, no dia 27 de dezembro de 1831, o Beagle içou velas e deixou a baía de Plymouth, 310 km a sudoeste de Londres, em direção à América do Sul.

2. A VIDA A BORDO DO *H.M.S.* BEAGLE

O plano original da viagem do Beagle previa um cruzeiro de dois anos, mas ele se prolongaria por cinco, de dezembro de 1831 a outubro de 1836. Quase quatro desses cinco anos – até outubro de 1835 – foram despendidos na América do Sul, nos tediosos levantamentos geográficos que compunham a missão principal do navio e seu capitão.

As longas campanhas de medições empreendidas pela equipe de FitzRoy, que demandavam semanas e mais semanas numa mesma região, representavam para Darwin a oportunidade de embrenhar-se pelo continente em excursões terrestres para observações geológicas e coleta de espécimes de fauna e flora, que o jovem naturalista remeteria para o Reino Unido, durante toda a viagem, aos cuidados de Henslow. Não é de estranhar, assim, que, com todo o tempo de que Darwin dispôs na América do Sul, esta tenha se tornado o epicentro do terremoto que sobreviria com a publicação de *Origem das Espécies* e a teoria da evolução por seleção natural nele exposta em 1859.

Depois de breve passagem pelas ilhas Canárias e pelo arquipélago de Cabo Verde, ambos ao largo da África, o Beagle aportou primeiro em Salvador da Bahia, rumando em seguida para o Rio de Janeiro, onde permaneceria por três meses, até 5 de julho de 1832. A leitura do relato de viagem escrito por Darwin, *A Viagem do Beagle*, que se converteria num grande sucesso quando de sua edição em 1839, revela que o Brasil – em que pese toda a sua exuberância tropical de espécies (o que hoje chamaríamos de biodiversidade) – terminou por fornecer pouca matéria-prima para Darwin no processo de desenvolver sua teoria da evolução. Muito provavelmente isso se deve ao fato de o jovem naturalista se encontrar, à época, numa fase, por assim dizer, de aquecimento como pesquisador sistemático, mas tanto a natureza como a sociedade brasileira de então deixariam impressões profundas em Darwin.

Disciplina e método foram seus maiores aliados durante a viagem. Darwin coletava de tudo: pássaros, répteis, mamíferos, invertebrados, organismos marinhos, insetos, fósseis, rochas e plantas, que ele mesmo preparava ou empalhava ao final do dia para remessa posterior a Henslow. Fazia ainda dissecações e estudos ao microscópio que trazia consigo. Preenchia metodicamente um diário, que depois serviria de base para escrever o famoso relato, mas não se limitava a anotar detalhes sobre os espécimes – ao contrário, colecionou também uma enorme quantidade de observações e reflexões sobre os ecossistemas visitados e a população dos lugares por que passou, com minúcia quase antropológica. Entre os

74 homens da tripulação do Beagle, ficou conhecido como "Philos", o filósofo de bordo, e como "Fly-catcher", o apanhador de moscas.[17]

"Durante parte do dia eu redigia meu diário e fazia um grande esforço para descrever tudo que via, de maneira criteriosa e vívida; isso constituiu um bom hábito", conta Darwin. "No entanto, os vários estudos [...] não tiveram importância alguma, comparados ao hábito, que adquiri nessa época, de aplicar uma industriosidade vigorosa e uma atenção concentrada em tudo aquilo em que eu estivesse empenhado. Tudo o que pensava ou lia era diretamente relacionado com o que eu tinha visto e tinha probabilidade de ver. Mantive esse hábito mental durante os cinco anos da viagem. Essa formação me permitiu fazer o que fiz na ciência."[18]

A FLORESTA BRASILEIRA

O primeiro contato do jovem com os trópicos representou um choque estético, mais que intelectual. Assim Darwin descreve sua primeira incursão pela mata tropical, na Bahia, em 29 de fevereiro de 1832: "O próprio deleite, no entanto, é um termo fraco para exprimir os sentimentos de um naturalista que, pela primeira vez, passeia solitário por uma floresta brasileira. A elegância dos tipos de capim, a novidade das plantas parasíticas, a beleza das flores, o verde brilhoso da folhagem, mas acima de tudo a luxúria geral da vegetação me encheram de admiração. [...]

---

[17] Idem, p. 23.

[18] *Autobiografia*, pp. 67-68.

Para uma pessoa amante da história natural, um dia como esse traz consigo um prazer mais profundo do que ela jamais poderia experimentar novamente".[19] Quatro décadas depois, as glórias da vegetação dos trópicos ainda se erguiam em sua lembrança de maneira mais vívida do que qualquer outra coisa. Numa passagem do relato da viagem do Beagle, descreve como magnífica a vista da subida para a pedra da Gávea, no Rio de Janeiro, que nenhum europeu poderia contemplar em sua própria terra nem saberia descrever em palavras.[20]

Opinião bem menos entusiástica Darwin formou sobre a sociedade brasileira daquele tempo. Seu relato contém várias passagens no mínimo desairosas aos habitantes das regiões percorridas, como os donos de uma venda onde pernoitou numa excursão até o norte de Cabo Frio, descritos em *A Viagem do Beagle* como descorteses e desagradáveis nos modos, vivendo na imundície. Noutro trecho, anota com certo espanto o grau de ignorância de ricos estancieiros na Banda Oriental (Uruguai, que se tornara independente de Brasil e Argentina apenas quatro anos antes), embasbacados diante das ferramentas do naturalista, como compasso e mapas. Nada se compara em indignação, entretanto, com sua revolta diante das circunstâncias cruéis da escravidão – como ao narrar a naturalidade com que o proprietário da Fazenda Socêgo, no mais um homem civilizado, separava mães e filhos de 30 famílias de negros para vendê-los em lotes separados: "Pode-se dizer que não há limites para a cegueira do interesse e do hábito egoísta".

---

[19] *The Voyage of the Beagle*, p. 13. Os trechos citados desse livro, *The Voyage of the Beagle*, são tradução do autor.

[20] Idem, p. 26.

O que diferenciava Darwin de seus anfitriões brasileiros era a capacidade de enxergar os negros como semelhantes, seres humanos dotados das mesmas fraquezas e qualidades de seus senhores, os quais no entanto se acostumaram a encará-los como coisas – quando muito, animais. O naturalista se revela um arguto observador também das diferentes perspectivas culturais, como ao reproduzir a narrativa de uma negra que se mata depois de seu quilombo ser destruído por capitães-do-mato: "Numa senhora romana, isso seria chamado de nobre amor pela liberdade; numa negra pobre, é mera obstinação brutal".

Os cativos brasileiros estiveram no centro de uma de suas mais sérias altercações com o "insensato" capitão FitzRoy, que por pouco não sufocou no berço a longa série de observações e reflexões que levaria a *Origem das Espécies*, como ficou narrado numa das passagens mais citadas de sua *Autobiografia*.[21] Foi logo no começo da viagem, ainda na Bahia. FitzRoy defendeu e enalteceu a escravidão, que Darwin disse abominar, e contou-lhe da visita a um grande proprietário de escravos, quando o senhor mandara chamar alguns de seus negros e lhes perguntara, diante do capitão, se estavam satisfeitos ou se prefeririam a liberdade, ao que todos haviam respondido elegendo a primeira alternativa. Darwin reagiu com o bom senso de um cientista, ainda que sem a prudência recomendável a um subordinado que partilhava os aposentos do capitão por deferência deste: "Perguntei-lhe então, com alguma ironia, se ele achava que as respostas dos escravos, na presença do senhor, valiam alguma coisa. Isso o deixou

---

[21] *Autobiografia*, pp. 63-64.

aborrecido. Disse que, se eu duvidava de sua palavra, não podíamos mais permanecer juntos. Achei que eu seria obrigado a deixar o navio". Para sorte de Darwin e da história da ciência, FitzRoy descarregou sua raiva num primeiro-tenente. Mais algumas horas e FitzRoy, com "sua magnanimidade habitual", determinou a um oficial que transmitisse suas desculpas ao naturalista e o pedido para que permanecesse dividindo com ele sua cabine.

Para não dizer que na vida de Darwin nada ficou do Brasil além de lembranças vívidas da natureza e péssimas impressões sobre os brasileiros, ele anota em seu relato da viagem elogios entusiasmados à coleção de fósseis e espécies vivas amealhada pelo paleontólogo dinamarquês Peter Wilhelm Lund (1801-80) em sua primeira viagem ao Brasil e à América do Sul, em 1825, apenas sete anos antes do colega inglês. Darwin chama a atenção para as muitas semelhanças "maravilhosamente" reveladas pelo acervo entre a extinta *Macrauchenia* e os guanacos (lhamas) do presente, ou entre o *Toxodon* (3 metros e mais de 1 tonelada) e as capivaras atuais, uma relação entre mortos e vivos no mesmo continente que, na interpretação do naturalista do Beagle, ajudaria a lançar mais luz sobre o aparecimento e o desaparecimento de organismos no mundo.[22] Nas entrelinhas, percebe-se que o futuro autor de *Origem das Espécies* já se inclinava por uma visão "transformista" da natureza, mesmo sem explicitar que tal parentesco separado pelo tempo sugere a transformação de uma espécie em outra(s). Essa noção só se solidificaria com outras observações, as suas próprias, realizadas noutras paragens da América do Sul.

---

[22] *The Voyage of the Beagle*, p. 119.

GAÚCHOS, EMAS E FÓSSEIS

Prosseguindo em direção ao sul, o Beagle levou Darwin ao Pampa e à Patagônia argentina, já no ano de 1833. As descrições um tanto desfavoráveis que Darwin oferece de indígenas aculturados ou não, como os patagônios e os fueguinos, e de soldados mestiços do general Juan Manuel de Rosas em campanha genocida contra os índios contrastam com uma incontida admiração pelo modo de vida independente dos cavaleiros gaúchos ao ar livre, com os quais faz longas viagens por terra, e também com a deferência ao tenente negro que comanda um posto de guarda no caminho para Bahia Blanca: "Não conheci em lugar algum um homem mais civil e prestativo do que esse negro; foi por isso tanto mais doloroso constatar que ele não se sentaria para comer conosco".[23]

Páginas e mais páginas são empregadas na descrição com detalhes das habilidades de cavaleiro do gaúcho, das minúcias da doma ao tamanho avantajado das esporas; até o método de atravessar o rio montado em pelo sobre o cavalo lhe sugere um fino espetáculo: "Eu não fazia ideia de como os dois animais se adaptam bem um ao outro". Esta era uma maneira provavelmente pouco usual de se referir ao homem – como animal – numa época em que era praxe idealizá-lo como o ápice da Criação, mas Darwin, como sempre, espalha com elegância quase dissimulada, em seus relatos, as convicções pouco convencionais que estava formando.

A paisagem do Cone Sul também gravou marcas profundas na memória de Darwin. "A sublime sensação que senti vendo os grandes desertos da Patagônia

---

[23] Idem, p. 55.

e as montanhas cobertas de florestas da Terra do Fogo deixou uma impressão indelével em minha lembrança", escreveria décadas depois em sua *Autobiografia*. "A visão de um selvagem nu, em sua terra natal, é um acontecimento que nunca se pode esquecer. Muitas de minhas excursões a cavalo ou de barco a regiões agrestes, algumas das quais duraram várias semanas, foram extremamente interessantes; o desconforto e um certo grau de perigo mal chegavam a ser um empecilho naquela época e, depois disso, não constituíram nenhum obstáculo."

Ao longo de dez páginas memoráveis de *A Viagem do Beagle*,[24] Darwin narra duas das três principais observações[25] do périplo sul-americano que o poriam na pista da evolução das espécies por seleção natural. A primeira diz respeito à orgia de fósseis por ele encontrada nos Pampas argentinos, uma espécie de Disneylândia para o geólogo neófito. Após descrever nove espécies fósseis da megafauna sul-americana (mamíferos gigantes extintos um pouco antes ou logo depois da chegada do homem ao Novo Mundo), Darwin assinala como os ossos do *Toxodon* fundem "maravilhosamente" (mesmo advérbio empregado na observação sobre Lund) num só organismo ordens de animais hoje claramente distintas.

Mais uma vez, é o nexo entre espécies separadas pelo tempo que se insinua na narrativa darwiniana, como evidência não inteiramente declarada da transmutação de umas nas outras, ou seja, evolução. De passagem, o naturalista se interroga se os Pampas precisariam ter sustentado naquele passado remoto vegetação menos árida do que a presente, de maneira a manter

---

[24] Idem, pp. 59-69.

[25] *Autobiografia*, p. 102.

vivos os herbívoros avantajados da megafauna, mas conclui negativamente com base nos contra exemplos do Brasil (vegetação luxuriante, fauna discreta no porte e nas populações) e da África (vegetação mais aberta na savana, fauna portentosa).

A segunda pista argentina instrumental para Darwin chegar à sua teoria da evolução das espécies, contra o dogma fixista, foi fornecido por emas. Ficou maravilhado com esses pássaros, cujos hábitos e características descreve com detalhes ao longo de duas páginas, como a observação dos gaúchos de que o ninho é habitado pelo macho, que choca os ovos. Diz que se trata de um animal herbívoro, embora já tenha sido visto comendo pequenos peixes na beira de um banhado. À medida que avançava para o sul através da Patagônia argentina, o naturalista toma conhecimento de uma segunda variedade da ave, menor que a primeira, que os habitantes da região chamam de "petise". Seus ninhos, igualmente, guardariam número menor de ovos, que têm um tom ligeiramente azulado.

Darwin fica entusiasmado com a possibilidade de ser uma outra espécie, mas inicialmente encontra dificuldade para pôr as mãos num exemplar. Tempos depois, segundo seu relato, Darwin já andava esquecido da história das "petises" quando uma ema morta a tiros por um integrante de seu grupo foi preparada e servida para o jantar. Já em meio à refeição o assunto lhe voltou à mente, quando se deu conta de que se banqueteavam com uma "petise". Felizmente, conta Darwin, cabeça, pescoço, pernas, asas, muitas das penas maiores e uma grande parte da pele tinham sido preservadas, e disso tudo pôde ser montado um espécime quase perfeito, que depois viria a ser exposto no museu da Sociedade de Zoologia em Londres. Viajando ainda mais para o sul, já na borda do estreito de Magalhães, Darwin aprendeu que naquela alta latitude apenas a variedade menor existia. Na realidade, trata-se de uma espécie separada, inicialmente batizada em homenagem ao tripulante mais ilustre do Beagle como *Struthio darwinii*.

A partir daí, as perguntas se instalaram na mente de Darwin. Por que duas espécies tão semelhantes se substituem entre si quando se avança pelo continente em direção ao sul? Seriam elas derivadas uma da outra? Em caso afirmativo, que mecanismos poderiam ter levado a essa configuração e distribuição particular? "Era evidente que esses fatos, assim como outros, poderiam ser explicados através da suposição de que as espécies se modificavam gradativamente. Esse assunto me obcecava", escreveria Darwin quatro décadas depois em sua *Autobiografia*. O terceiro enigma que pôs o naturalista na trilha da teoria da evolução das espécies por seleção natural se encontrava nas ilhas Galápagos, mas antes disso Darwin ainda passaria por um curso autodidata de geologia nos imponentes Andes chilenos.

MONTANHAS DE CONCHAS

Um dos maiores obstáculos para assimilar intelectualmente a evolução das espécies por seleção natural é a compreensível dificuldade de formar uma noção mais concreta da magnitude do tempo envolvido. Hoje se sabe que a Terra tem cerca de 4,5 bilhões de anos e a vida sobre ela, menos de 4 bilhões de anos – mas o que são bilhões de anos para seres que vivem pouco mais de cem, mesmo assim só em casos extremos, e cuja espécie surgiu há menos de 200 mil anos sobre o planeta?

Se toda a história da vida na Terra tivesse durado um ano, a espécie humana teria existido somente nos 13 minutos derradeiros e toda a civilização, após a invenção da escrita, menos de um minuto. Na época da viagem do Beagle, essas dimensões estavam fora de questão. Ou as pessoas acreditavam que o mundo e tudo que nele existe haviam sido criados menos de 6 mil anos antes – segundo calculara em 1664 o arcebispo James Ussher, precisamente às 9 horas da manhã do dia 26 de outubro de 4004 a.C.[26] – ou, entre os que descartavam a versão bíblica, há muito mais tempo, mas não tanto assim. Afinal, ainda predominava a visão catastrofista da geologia, segundo a qual as características da superfície do planeta podiam ser reviradas em relativamente pouco tempo por meio de grandes cataclismas. As concepções mais gradualistas de James Hutton (1726-97) e Charles Lyell ainda eram minoritárias, mas tinham plantado raízes em mentes jovens e mais abertas, como a do discípulo de John Henslow.

Darwin ganharia uma visão diferente e muito mais vívida das forças em ação sob a crosta terrestre em março de 1835, depois que o Beagle aportou em Valparaíso, no Chile. Ele organizou uma viagem em lombo de mulas para atravessar os Andes em direção à região de Mendoza, já na Argentina, atravessando o passo de Portillo, que viria a corroborar suas convicções gradualistas sobre a transformação do mundo e das espécies que o habitam. À medida que galgava os sucessivos terraços de detritos geológicos depositados nos vales encravados nas encostas da cordilheira, Darwin assinala, concluía que seu formato só

---

[26] *Evolução: o Sentido da Biologia*, p. 17.

poderia ser explicado por sucessivas elevações e retraimentos do nível do mar, assim como da paulatina elevação das montanhas. As provas de que aquelas montanhas gigantescas já haviam jazido no fundo do mar estavam nas conchas fósseis que o naturalista encontrava milhares de metros acima do nível atual do oceano e num vale inteiro de calcário (Valle del Yeso), um tipo de rocha que se forma em profundezas marinhas pela contínua deposição de conchas e esqueletos de minúsculos organismos marinhos que formam o plâncton.

A excitação de Darwin com suas observações nos Andes é quase palpável ao longo do capítulo 15 de *A Viagem do Beagle*. Ao narrar as agruras do mal de altitude que acomete viajantes enquanto sobem a escarpa dos Andes, a temível *puna*, ele afirma que foi salvo pelos fósseis de conchas que encontrou. "A única sensação que experimentei foi um leve aperto na cabeça e no peito, como aquele que se sente ao deixar rapidamente um aposento quente em direção ao ar livre e gelado", conta o viajante. "Mesmo nisso havia alguma imaginação, pois assim que achei as conchas fósseis na escarpa mais alta, em meu deleite me esqueci por completo da *puna*."

Darwin também descreve como o som das pedras se chocando umas com as outras nos violentos cursos d'água que descem dos Andes soavam como música aos ouvidos do geólogo, uma música que falava da eternidade que tais rochas encontrariam quando enfim chegassem ao oceano, seu destino final. "Ao ouvir o ruído chocalhado dessas torrentes, e tendo em mente que raças inteiras de animais se extinguiram da face da terra e que no curso de todo esse período, dia e noite, essas pedras prosseguiam chacoalhando em seu curso, pensei comigo mesmo: pode alguma montanha, ou qualquer continente, suportar tamanho desgaste?" – já se perguntava o naturalista ao fim da excursão.[27]

A resposta era, ao mesmo tempo, sim e não. Na escala de tempo compreensível para os homens, sim, montanhas e continentes suportavam bem o desgaste contínuo, a ponto de se converterem em metáforas muito usuais de permanência e imortalidade. Já na profundidade do tempo geológico que ia tomando corpo na imaginação científica de Darwin, ficava mais e mais evidente que não – assim como as espécies, cordilheiras estavam o tempo todo em transformação e movimento, como a elevação de mais de 2 mil metros que calculava para o norte chileno, necessários para deixar à vista naquela altitude os leitos marinhos em que as conchas um dia tinham vivido. "Diariamente se impõe à mente do geólogo que nada, nem mesmo o vento que sopra, é tão instável quanto o nível da crosta desta terra", escreveu em seu relato de viagem.

Há regularidade nesse vendaval, contudo, leis naturais que governam os fenômenos, sejam eles mutações da paisagem ou nas espécies vivas, que prescindem de um arquiteto divino para erguer cegamente o palácio caótico e barroco da vida: "Parece haver tão pouco planejamento na variabilidade dos seres orgânicos e na ação da seleção natural quanto na direção em que sopra o vento. Tudo na natureza é resultado de leis fixas".[28] Para ele, havia conexão entre uma geologia que gradualmente modificava a superfície da Terra e a modificação lenta das espécies que nessa altura ainda chamava de "transmutação" – um passo que jamais seria dado por um de seus maiores mestres, Charles Lyell.[29]

---

[27] *The Voyage of the Beagle*, p. 215.

[28] *Autobiografia*, p. 75.

[29] Como assinala Janet Browne em *Darwin's Origin of Species*, p. 32.

GALÁPAGOS E O FIO DA MEADA

Após visitar longamente a costa do Chile e passar pela do Peru, o Beagle se dirigiu para as ilhas Galápagos, onde aportou em 15 de setembro de 1835, ali permanecendo por 35 dias. Esse grupo de dez ilhas principais fica no oceano Pacífico, a cerca de mil quilômetros da costa do Equador, e tem origem vulcânica, o que significa que a maior parte delas é formada por lava solidificada no topo de verdadeiras montanhas submersas, com profundos abismos marinhos a separá-las. Com exceção de uma espécie de camundongo e uma de rato, sobre as quais Darwin especula que podem ter sido introduzidas por navegadores nos 150 anos anteriores à sua visita, não há mamíferos no arquipélago. De fato, seriam os répteis e seus parentes mais próximos, as aves, que fariam a celebridade das Galápagos na história da ciência, como o lugar que deu a Darwin os lampejos conduzindo à sua teoria da evolução por seleção natural, mas a verdade é que ele não teve ali lampejo algum.

Na realidade, todo o percurso pela América do Sul foi importante para o desfecho que viria só um a dois anos depois de o Beagle retornar ao Reino Unido, a convicção definitiva de que as espécies se transformavam por seleção natural, primeiro nas anotações privadas de Darwin (suas famosas cadernetas) e apenas duas décadas depois para o público, com o lançamento de *Origem das Espécies*. Dos fósseis da megafauna e das emas argentinas à geologia dos Andes e à configuração peculiar das espécies em Galápagos, Darwin vivenciou quatro anos de um processo formativo em que reflexões e observações se acumulavam e se fertilizavam mutuamente.

Quando chegou ao arquipélago, ele já era um naturalista muito mais experimentado e treinado para intrigar-se profundamente com as duas espécies de iguanas que ali encontrou. Uma era negra, um pouco maior e de hábitos marinhos – Darwin abriu o estômago de várias delas e ali encontrou quase exclusivamente algas maceradas, indicando que o animal era herbívoro e que seus frequentes mergulhos se destinavam a pastar no fundo do mar. A outra espécie era um pouco menor, amarronzada e de hábitos terrestres, mas igualmente herbívora, pois o conteúdo do estômago revelava apenas matéria vegetal de cáctus, acácias e um tipo de araçá (*guayavitas*) encontrado nas ilhas. As duas espécies de lagarto são encontradas unicamente nesse arquipélago.

O mesmo vale para as famigeradas tartarugas de Galápagos, um parente de jabutis grande o bastante para um homem montar nelas e cavalgá-las, por assim dizer – como fez Darwin (com certa dificuldade em manter o equilíbrio). As plantas de que se alimentavam tanto as iguanas quanto as tartarugas, não raro lado a lado, faziam parte de uma flora em grande medida também exclusiva daquelas ilhas – vale dizer, endêmicas. Esse endemismo é a primeira coisa do lugar para a qual Darwin chama a atenção do leitor de *A Viagem do Beagle*: "A maior parte das produções orgânicas são criações aborígenes, não encontradas em qualquer outro lugar; existe até mesmo alguma diferença entre os habitantes das diferentes ilhas, embora todos apresentem uma relação marcada com os da América, se bem que separadas do continente por um espaço aberto de oceano com algo entre 500 e 600 milhas de largura".

Ainda mais famosos ficaram dois grupos de passarinhos das Galápagos, seis espécies de tentilhões e três de *mocking-thrushes*, que o naturalista e tripulantes do Beagle conseguiam capturar até com as mãos, tamanha era sua docilidade num ambiente sem mamíferos predadores. Darwin ficou desde logo profundamente cismado com sua grande semelhança, mesclada porém com diferenças marcantes, como os tamanhos e formatos dos bicos. Entretanto, não se deu conta ali das implicações dessa variação, que provavelmente ainda creditava à variedade observada entre raças de uma mesma espécie. Foi preciso aguardar o retorno ao Reino Unido e o estudo meticuloso de suas coleções por especialistas – no caso dos pássaros, pelo ornitólogo John Gould – para Darwin dar-se conta de que eram mesmo espécies separadas e, muito provavelmente, características de ilhas específicas, coisa que não podia mais estabelecer porque não discriminara em suas anotações e etiquetas quais espécimes provinham de quais ilhas.

Já durante a redação de seu relato de viagem, que viria a ser publicado em 1839, Darwin parecia sugerir, porém – ainda de modo tentativo e cuidadoso – que na realidade o isolamento pelas barreiras físicas entre as ilhas havia levado uma só espécie inicial a diferenciar-se em várias outras ao longo do tempo: "Vendo essa gradação e diversidade de estrutura em um grupo pequeno e estreitamente relacionado de pássaros, alguém poderia realmente fantasiar que de um número originalmente pequeno de pássaros nesse arquipélago uma espécie tenha sido tomada e modificada para fins diferentes".

Parece evidente que, nessa altura (1837-39), Darwin já estava plenamente convicto de que não apenas as espécies se "transmutavam" (evoluíam), a exemplo do que defendiam naturalistas como Lamarck, como também o faziam de maneira gradual e por um mecanismo que tinha mais a ver com a separação geográfica e temporal do que com o uso e desuso lamarckianos. Isso fica bem claro no final do capítulo 17 de *A Viagem do Beagle*, sobre as Galápagos, quando Darwin reflete sobre a mansidão das aves do arquipélago: "Comparativamente poucos pássaros jovens são feridos pelo homem a cada ano na Inglaterra, e no entanto todos, inclusive os filhotes no ninho, têm medo dele; por outro lado, muitos indivíduos, tanto nas Galápagos quanto nas Falklands, são perseguidos e feridos pelo homem, e no entanto não adquirem um temor salutar diante dele". O que Darwin está a dizer aqui, nas entrelinhas, é que essa inércia de comportamento só viria a se explicar por processos muito mais lentos que a transmissão hereditária de características adquiridas numa geração para a seguinte. Algo muito mais profundo e complexo estava em curso. Mas Darwin ainda necessitaria muitos anos – duas décadas inteiras – para amadurecer sua argumentação e lançá-la em público, com a *Origem das Espécies* – e mesmo assim ainda precisaria de um empurrão para se decidir a fazê-lo.

Darwin partiu de Galápagos em 20 de outubro de 1835. A viagem do Beagle prosseguiria por mais um ano, até 2 de outubro de 1836, aí sim num verdadeiro percurso de circunavegação em sua maior parte pelo hemisfério Sul. Abandonando as vizinhanças da América do Sul, o navio tomou o rumo oeste para o Taiti, a Nova Zelândia, a Austrália e o sul da África, até alcançar novamente Salvador da Bahia. Daí, com apenas uma parada nos Açores, direto para Plymouth, de volta para uma Inglaterra prestes a entrar na era vitoriana – a rainha Vitória subiria ao trono menos de um ano depois, em junho de 1837 – e para um longo período de trabalho e relutância.

3. A VIDA DEPOIS DO *H.M.S.* BEAGLE

De retorno a seu país, aos 27 anos, Darwin já era reconhecido como um par por alguns cientistas-chave de sua época, graças aos espécimes que enviara e à sua correspondência alentada com John Henslow e Adam Sedgwick. Os primeiros tempos foram dedicados a organizar suas anotações no diário para compor o relato de *A Viagem do Beagle*, que viria a ser publicado em 1839. Em paralelo, o naturalista confiou suas coleções a destacados especialistas para classificação: mamíferos fósseis a Richard Owen, mamíferos contemporâneos a George Robert Waterhouse, pássaros a John Gould, peixes a Leonard Jenyns e répteis a Thomas Bell.[30] Dessa colaboração surgiriam várias monografias e duas obras técnicas em vários volumes: *Zoologia da Viagem do H.M.S. Beagle*, publicada

[30] *The Scholar Who Changed Human History*, p. 55.

de 1838 a 1843, e *Geologia*, de 1842 a 1846. Em 1837, Darwin foi eleito para a Sociedade de Geologia, do qual se tornaria secretário no ano seguinte.

Seu livro narrando a viagem para o grande público se tornou um sucesso de vendas. Darwin caminhava firme para a celebridade, tanto entre cientistas profissionais quanto leigos; previa-se para ele uma contribuição à ciência comparável à de Humboldt, como almejava desde o tempo de estudante.

Em paralelo, começou a anotar uma enxurrada de ideias sobre a transformação das espécies em cadernetas de uso privado, identificadas de A a E, assim como M e N, que os historiadores da ciência depois batizariam como "Cadernos da Transmutação". Como anota Janet Browne em seu livro sobre *Origem das Espécies*,[31] não se sabe precisamente em que momento Darwin concluiu que as espécies se formavam e extinguiam por processos inteiramente naturais, sem concurso da intervenção divina, mas isso pode ter ocorrido apenas quatro ou cinco meses após o desembarque do Beagle. A classificação dos pássaros das Galápagos a cargo de John Gould, por exemplo, ficou pronta em março de 1837 – quando então se tornou claro que os tentilhões compunham várias espécies e que seus bicos eram adaptações para dietas diversas, como cáctus, sementes e insetos, possivelmente em ilhas separadas.

As hipóteses levantadas por Gould, que não podiam ser corroboradas de modo completo pelas amostras do naturalista em viagem, pois este não rotulara de que ilha cada pássaro provinha, puseram Darwin na pista com que já esbarrara durante a viagem: o que aconteceria se todas aquelas espécies de tentilhões ti-

---

[31] P. 40.

vessem evoluído de um ancestral comum, por meio de um processo mais longo, lento e radical, porém análogo ao que produzia as diversas raças de animais domésticos a partir de uma mesma espécie, nas mãos hábeis de criadores?

Darwin inicia então uma série de conversas sistemáticas com criadores e jardineiros habilidosos, logo percebendo que a seleção era a pedra angular do sucesso do homem na produção de raças úteis de animais e plantas – "mas, durante algum tempo, a maneira como seria possível aplicar a seleção a organismos que vivem em estado natural continuou a ser um mistério" para ele.[32]

Faltava, portanto, identificar um mecanismo que funcionasse na natureza como o correspondente da seleção e do descarte realizados pelos melhoristas e criadores. Esse vislumbre viria com a leitura de uma obra escrita ainda no século anterior.

A FERTILIDADE DE MALTHUS

"Em outubro de 1838, isto é, 15 meses depois de haver iniciado minha investigação sistemática, sucedeu-me ler, para me distrair, o texto de Malthus sobre *População*. Estando bem preparado para apreciar a luta pela vida que se dá por toda parte, em decorrência da observação prolongada e contínua dos hábitos dos animais e das plantas, ocorreu-me prontamente que, naquelas circunstâncias, as variações favoráveis tenderiam a ser preservadas e as desfavoráveis, a ser destruídas."[33]

---

[32] *Autobiografia*, p. 103.

[33] Ibidem.

Darwin se referia aí ao *Ensaio Sobre o Princípio da População* (1798), de Thomas Robert Malthus, para quem a humanidade tinha uma tendência natural a reproduzir-se, aumentando a população, que no entanto não conseguiria aumentar a produção de alimentos no mesmo ritmo. Tal escassez conduziria a uma série de fatores limitantes da explosão populacional, como fome generalizada, epidemias e guerras. Finalmente Darwin dispunha de uma teoria a partir da qual trabalhar.

O lampejo fornecido por Malthus a Darwin, anotado no dia 28 de setembro de 1838 na caderneta D,[34] era a peça que faltava no quebra-cabeça: a cada geração, nasciam muito mais espécimes do que poderiam sobreviver, dadas as limitações de recursos disponíveis no ambiente. As populações selvagens só cresceriam, num determinado meio, até esgotar sua capacidade de reposição natural dos recursos, alcançando então um ponto de equilíbrio. Era o quarto e último fato necessário para Darwin esboçar sua teoria da evolução por seleção natural, como esquematizou de modo elucidativo Patrick Tort:[35]

Fato 1 – abundante variação natural ou doméstica, ou seja, matéria-prima para seleção;
Fato 2 – seleção artificial realizada por criadores de animais e melhoristas de plantas;
Fato 3 – altas taxas de fertilidade, que põem no mundo mais descendentes do que podem sobreviver;
Fato 4 – equilíbrio natural das populações, que tendem a permanecer constantes.

---

[34] *Darwin's Origin of Species*, p. 44.

[35] *The Scholar Who Changed Human History*, pp. 64-65.

Aproximando os fatos 1 e 2, Darwin foi induzido a concluir que a variabilidade natural dos organismos fornece a matéria-prima para a seleção. Mas permanecia a questão: será que algum tipo de seleção, análogo à artificial praticada por criadores, ocorria de fato em contexto natural? Reunindo os fatos 3 e 4, Darwin deduziu então que havia uma propensão natural para a superpopulação e, em seguida, que o mecanismo selecionador na natureza seria a luta pela vida – um quinto e decisivo fato observável em incontáveis situações naturais, como nos embates entre presas e predadores, mas também nas relações de cooperação que certas espécies estabelecem e que beneficiam a sobrevivência do grupo; ou ainda, e mais importante, na disputa entre machos por territórios e fêmeas.

A seleção natural, por meio da promoção das variações vantajosas – ou seja, adaptações surgidas nos organismos que, por qualquer razão (maior capacidade de alimentar-se, aproveitar o alimento ou se reproduzir, por exemplo), faziam com que tais e quais indivíduos, e não outros, figurassem entre os poucos com chance de sobreviver e gerar descendência –, operava aumentando a frequência da característica vantajosa entre os integrantes da próxima geração.

A "ÁRVORE DA VIDA"

Por volta de 1850, Darwin acrescenta a seu edifício teórico o chamado "princípio da divergência", segundo o qual existe um impulso natural para a proliferação (diversificação) de espécies. Janet Browne atribui esse novo lampejo a uma metáfora industrial que se teria instalado na mente de Darwin a partir do contato com a organização fabril da produção de porcelana na empresa da família de sua prima Emma Wedgwood, com quem se casara em 1839, e de uma visita à Grande Exposição de 1851 no Hyde Park de Londres: a natureza talvez favorecesse a diversificação de plantas e animais, de modo a que eles ocupassem e aproveitassem todos os nichos de sobrevivência oferecidos pelo ambiente, de maneira análoga à melhoria da produtividade da indústria quando esta se organiza com base na especialização – note-se a coincidência na raiz dos termos "espécie" e "especialização" – em diversas tarefas coordenadas.[36] Dito de outra maneira, o número de espécies na natureza, embora surgidas todas de um ancestral comum, tenderia a crescer com a passagem do tempo, conduzindo à enorme diversidade que Darwin pôde testemunhar – e que tanto o maravilhou – nas florestas tropicais do Brasil.

Surgia assim o conceito de "árvore da vida", base da moderna disciplina da cladística, que se dedica a remontar os parentescos entre espécies, gêneros, famílias, ordens etc. tomando por pressuposto a existência de um ancestral comum, cuja evolução teria levado em tempos remotos ao surgimento de novas espécies, que depois conduziriam a outras novas espécies, e assim por diante. Hoje essa noção pode parecer trivial, quase intuitiva, para quem estudou um pouco de biologia e adquiriu a noção correta de que seres humanos, chimpanzés, gorilas e orangotangos são aparentados porque partilham ancestrais comuns alguns milhões de anos atrás, mas na Inglaterra vitoriana essa era uma ideia completamente inovadora, revolucionária mesmo. Darwin pareceu dar-se conta

[36] *Darwin's Origin of Species*, p. 56.

do ineditismo e do impacto dessa noção, ao anotar simplesmente em uma de suas cadernetas, ainda em 1837, a frase "Eu penso" seguida do famoso primeiro desenho da árvore da vida, vale dizer, a primeira representação gráfica do princípio da divergência.

Em lugar de um plano perfeito da Criação arquitetado por Deus, Darwin propunha que o mundo era como então se apresentava porque tinha ficado assim, como resultado do entrechoque de mecanismos e leis inteiramente naturais, ao longo de um tempo incrivelmente longo, que hoje se sabe ser da ordem de bilhões de anos e, no caso da evolução dos organismos multicelulares, centenas de milhões de anos. Paradoxalmente, a própria linguagem eleita por Darwin para apresentar seu pensamento inovador dificultou sua aceitação, ou pelo menos turvou sua compreensão no século e meio que se seguiu a *Origem das Espécies*. Ao traçar sua analogia com a seleção artificial promovida por criadores de animais e melhoristas de plantas e continuá-la pela escolha da expressão "seleção natural", ele manteve aberta a porta para que supusesse a existência de um selecionador por detrás do mecanismo.

Segundo Janet Browne, o próprio Darwin reconheceria depois que teria sido mais adequado usar terminologia menos finalista, ou seja, menos contaminada por intencionalidade e desígnio, para ele inexistentes na evolução, tal como "preservação natural" em lugar de "seleção natural". Também o termo "adaptação" ainda sugeria um processo intencional, como se as espécies mudassem com um propósito específico, uma reminiscência de mecanismos como o uso e o desuso lamarckianos; com o tempo, Darwin passou a substituí-lo por *contrivance* (algo como "dispositivo"), na falta de coisa melhor. "A linguagem que ele tinha à mão era a linguagem de Milton e Shakespeare, escorada em teleologia e propósito, não a terminologia objetiva e livre de valores que é buscada pela ciência", justifica a autora de *Darwin's Origin of Species*.[37]

Se hoje já é tão difícil para milhões de pessoas imaginarem e aceitarem que os organismos são como são – com toda a sua complexidade – porque assim ficaram após milhões de anos e um acúmulo inimaginável de eventos fortuitos (como a elevação do nível do mar que separa um ambiente antes contínuo em ilhas), sem um plano ou esquema prévio a guiar a seleção de características favoráveis à sobrevivência e à reprodução, na época de Darwin isso parecia quase impossível. Mesmo entre seus mestres tornados amigos relativamente próximos, como Henslow, Sedgwick e Lyell, a evolução (transformação) das espécies era já um conceito penoso de assimilar; acrescida da seleção natural, então, representava um passo que poucos estavam dispostos a dar.

DOIS MANUSCRITOS E UMA CARTA

O grande livro de Darwin, *Origem das Espécies*, seria publicado só em 1859, mas nas duas décadas que consumiu em sua preparação o naturalista produziu dois manuscritos expondo sua teoria da evolução por seleção natural (ambos só publicados postumamente). O primeiro tinha 35 páginas e datava de junho de 1842, ano em que Darwin se mudou de Londres para Downe, povoado a 25 km da capital onde permaneceria até

[37] Idem, p. 72.

o fim da vida; era pouco menos que um esboço. Uma versão mais alentada, com 230 páginas, ficaria pronta no verão de 1844, portanto 15 anos antes da apresentação da teoria ao público. Aparentemente, Darwin cogitou publicar esta segunda versão, pois guardou-a com uma carta à mulher, Emma, para abertura no caso de sua morte inesperada, em que a orientava a buscar um editor para o texto.[38]

Nesse meio tempo, Darwin encontrou espaço até para redigir um tratado de quatro volumes sobre... cracas. O que se afigura como uma enorme relutância em expor suas ideias revolucionárias é mais comumente apresentado como temor da reação que decerto viria do pensamento religioso; na realidade, essa era apenas uma das frentes da tempestade que Darwin podia prever, e talvez nem fosse a mais preocupante para ele. Com efeito, Darwin sentia grande resistência tanto em relação à evolução das espécies quanto, e em especial, à seleção natural mesmo entre seus colaboradores e correspondentes mais próximos. Adam Sedgwick era um deles, como Darwin pôde testemunhar por sua virulenta reação a um livro evolucionista de autoria anônima[39] muito popular na época, *Vestígios da História Natural da Criação*, altamente especulativo e sem base factual. Charles Lyell era outro cético, mas já no início de 1856 aconselhava Darwin a escrever e publicar sua teoria. O amigo relutou por mais dois anos, convicto de que só poderia vir a público quando sentisse que todas as objeções técnicas imagináveis à evolução por seleção natural estivessem cabalmente respondidas; e assim teria

---

[38] Idem, p. 50.

[39] Mais tarde viria à tona que o autor havia sido Robert Chambers, um jornalista escocês, como narra Janet Browne (p. 51).

prosseguido, na procrastinação, não fosse pela famosa carta que recebeu em meados de 1858 de Alfred Russel Wallace expondo ideias quase iguais,[40] como narra o próprio Darwin em sua introdução a *Origem das Espécies*, obra que ainda considerava provisória, apesar de suas 490 páginas:

> *Atualmente, meu trabalho se encontra próximo de seu final; contudo, como seriam necessários mais dois ou três anos para completá-lo, e como minha saúde está longe de ser considerada boa, algumas pessoas me solicitaram que escrevesse este resumo. Houve também uma razão especial que me induziu a redigi-lo:* Mr. *Wallace, que atualmente se encontra no Arquipélago Malaio estudando sua história natural, chegou a conclusões gerais acerca da origem das espécies que são quase exatamente idênticas às minhas. No ano passado, ele me enviou uma memória sobre o assunto, solicitando-me que a remetesse a* Sir *Charles Lyell. Este a apresentou na Linnean Society, e ela foi publicada no terceiro volume do* Journal *editado por aquela Sociedade.* Sir *C. Lyell e o Dr. Hooker, que já conheciam meu trabalho (sendo que o último chegara a ler o esboço que redigi em 1844), honraram-me com seu conselho, dizendo-me que seria oportuno publicar, juntamente com a excelente memória de autoria de* Mr. *Wallace, um resumo de meus manuscritos.*[41]

Wallace, segundo Ricardo Ferreira na introdução à edição brasileira da *Autobiografia* de Charles Darwin,

---

[40] Curiosamente, uma das observações que pôs Wallace na pista da evolução por seleção natural foi a diversidade e a distribuição de borboletas na Amazônia brasileira, onde fizera coletas anos antes de ir para a Malásia; as borboletas amazônicas, portanto, tiveram para Wallace papel similar ao dos pássaros de Galápagos para Darwin.

[41] *Origem das Espécies*, p. 43 [1]. Em todas as citações de *Origem das Espécies*, o número entre colchetes se refere à numeração de página da primeira edição inglesa.

na realidade já havia publicado o artigo "On The Law Which Has Regulated The Introduction Of New Species" (Sobre a Lei Que Regulou a Introdução de Novas Espécies) em 1855, no número de setembro da revista *Annals and Magazine of Natural History*, portanto três anos antes de sua carta a Darwin, que adiantava algumas ideias similares, mas ainda nada continha sobre seleção natural. O mais correto seria referir-se à teoria da evolução de Wallace e Darwin, ou de Darwin e Wallace, mas ela entrou para a história como obra aparentemente exclusiva de Darwin, muitas vezes citada simplesmente como "darwinismo", o que talvez se deva ao fato de Darwin ter escrito o livro que apresentou da forma mais clara e substanciada, para o grande público e não só para especialistas, uma maneira de ver e explicar o mundo que alteraria tudo, dali em diante.

Os 1.250 exemplares da primeira impressão se esgotaram no dia do lançamento: a obra já era aguardada por se tratar do autor do bem-sucedido volume *A Viagem do Beagle* – embora tenha tido pouca repercussão a apresentação oral conjunta da nova teoria, em 1º de julho de 1858, na Sociedade Lineana (Wallace, ainda no Pacífico, obviamente não compareceu). Ao longo de 1859, um total de 3.800 exemplares seriam vendidos. Durante a vida de Darwin, nada menos que 27 mil cópias da obra foram impressas e comercializadas, contando só a edição inglesa; havia ainda a edição americana e várias traduções. Já foi considerado um *best-seller*, para a época. [42]

---

[42] A alegação é questionada por Nelio Bizzo no texto "Revendo alguns temas darwinianos: mitos e verdades no relato de Huxley e Kettlewell". Em: Maria Isabel Landim e Cristiano Rangel Moreira (Orgs.). *Charles Darwin. Em um Futuro não tão Distante*. São Paulo: Instituto Sangari, 2009. pp. 53-61.

DE ORIGEM À SÍNTESE MODERNA

Origem das Espécies não é nem de longe um livro tão legível e fluente quanto *A Viagem do Beagle* ou a *Autobiografia* de Darwin. Escrito em linguagem ultracuidadosa, como se o autor estivesse o tempo todo preocupado em não ferir a sensibilidade do leitor vitoriano e religioso, o "resumo" de 490 páginas compila de modo metódico uma enorme quantidade de fatos e observações em apoio à evolução por seleção natural, colecionados ao longo de pelo menos 15 anos de trabalho. Basta dizer que o primeiro capítulo do livro trata de seleção artificial, e não da natural, pois Darwin estava interessado em fixar um dos pilares de sua maneira de pensar – a fantástica *variação* existente nos organismos, matéria-prima da seleção tanto artificial quanto natural. Como diz Ernst Mayr,[43] a mudança evolutiva é um processo em dois passos: o primeiro é a produção de variação, e o segundo, a discriminação dessa variedade pela seleção natural. Um mecanismo tão simples que Thomas Henry Huxley, entusiasta de primeira hora da teoria darwiniana, recriminou-se pela própria estupidez de não ter pensado nele antes.

No cerne do mecanismo de seleção estava o que viria a ficar conhecido como "sobrevivência do mais apto" (*survival of the fittest*, em inglês), expressão que não é do próprio Darwin, mas assimilada mais tarde por ele do filósofo Herbert Spencer (1820-1903), que a cunhou em 1864.[44] Em *Origem das Espécies*, fala-se apenas em "luta pela existência" (título do terceiro capítulo de *Origem*) e "luta pela vida", expressões em geral associadas com a "natureza rubra nas presas e nas garras"

---

[43] Introdução, *On the Origin of Species*, p. xvi.

[44] *Darwin's Origin of Species*, p. 72.

(*nature red in tooth and claw*) do poeta Alfred Tennyson e com a frase de Spencer, mas com as quais Darwin significava algo muito mais amplo que a relação entre predador e presa, que pressupõe uma competição exclusiva entre espécies diversas:

> *Devo estabelecer como premissa que emprego a expressão "luta pela existência" em sentido amplo e metafórico, incluindo nesse conceito a ideia de interdependência dos seres vivos, e também – o que é mais importante – não só a vida de um indivíduo, mas sua capacidade de deixar descendência. Dois canídeos, num período de escassez de alimentos, literalmente hão de lutar entre si a fim de assegurar sua sobrevivência; todavia, ao invés de dizermos que uma planta que vive nas bordas do deserto enfrenta a seca lutando pela sobrevivência, melhor seria se disséssemos que ela depende da umidade para sobreviver. Um vegetal que produz anualmente um milhar de sementes, das quais apenas uma em média alcança a maturidade, dele se pode dizer que disputa sua sobrevivência com outros vegetais daquela mesma área.*[45]

Esse aspecto crucial da teoria darwiniana muitas vezes é mal compreendido. Mais importante que a capacidade de um organismo sobreviver, sob o prisma da evolução, é a sua capacidade de reproduzir-se; de nada adianta um macho ser feroz e cobrir todas as fêmeas se ele for estéril – na próxima geração estarão representados unicamente os genes daqueles poucos competidores seus que conseguirem burlar a vigilância exercida pela força sobre o harém. *Reprodução diferencial*, mais que so-

---

[45] *Origem das Espécies*, p. 87 [62].

brevivência (embora seja óbvio que é preciso estar vivo para reproduzir-se), é o mecanismo da seleção natural; e a proporção relativa de genes associados com características que se revelarem adaptativas, nas gerações seguintes, é que definirá o rumo evolutivo da espécie em questão.

Esta, segundo Ernst Mayr, é uma das maiores inovações introduzidas pelo método darwiniano de interpretar e investigar a natureza: o modo *populacional* de pensar, em substituição ao pensamento *tipológico*, de fundo platônico, que só atenta para os tipos ideais, as essências. "Para o tipologista, o tipo (*eidos*) é real e a variação, uma ilusão, enquanto para o populacionista o tipo (média) é uma abstração e só a variação é real. Não há duas maneiras de encarar a natureza que possam ser mais diferentes", escreveu o grande evolucionista teuto-americano.[46]

Ao lado da *variação* e da *sobrevivência/reprodução diferencial*, dois outros princípios completam o edifício erguido por Darwin, como foi mencionado mais atrás: o da *ascendência comum* (um ancestral único para todas as espécies no passado remoto) e o da *divergência* (tendência para a diversificação das espécies e ocupação de todos os nichos do ambiente).[47] *Todos eles permanecem válidos*, é prudente enfatizar, 150 anos de debates e observações depois. Darwin, contudo, não tinha como estabelecer a *origem da variação* (mutações e variabilidade natural do DNA, principalmente, como se sabe hoje), coisa que começaria a ser elucidada apenas quatro décadas depois, com o nascimento da moderna genética. Esta seria incorporada à teoria da evolução por seleção natural a par-

---

[46] Introdução, *On the Origin of Species*, p. xx.

[47] Barreiras físicas ou comportamentais entre populações e subpopulações de uma mesma espécie tendem a separá-las em novas espécies, compostas de grupos de organismos que não mais têm a capacidade de reproduzir-se entre si e gerar descendência fértil na natureza; nesse processo de diversificação, todos os nichos ambientais tendem também a ser ocupados.

tir dos anos 1930, no que ficou conhecido como Síntese Moderna, que teve em Theodosius Dobzhansky e Ernst Mayr alguns de seus protagonistas.

DEUS, O HOMEM E O MACACO

Com o pensamento tipológico ou essencialista sobre a natureza tornado obsoleto por Darwin, a ciência dispensou também a preocupação com o problema da fonte desses tipos ideais, ou seja, a questão do Grande Arquiteto – Deus. Embora Darwin não tenha feito de *Origem das Espécies* uma apologia do ateísmo, a mensagem sobre o privilégio *mecanicista* no conhecimento da natureza, sem recurso a causas finais, de ordem *sobrenatural*, foi imediatamente captada pelo estamento religioso. Darwin omite em sua obra principal três tipos de problemas – a origem do homem, se divina ou não; o papel de Deus na natureza; e a origem da vida em geral – diretamente relacionados com o dogma religioso, concentrando-se na argumentação científica e na fundamentação empírica; mas seu cuidado parece ter sido em vão. A polêmica desatada pelo livro centrou-se nessas questões, caricaturalmente enfeixadas na acusação de que ele tentava destruir a visão cristã da Criação ao defender que o homem descende do macaco.

Uma célebre anedota da ciência se deu em torno dessa controvérsia. Thomas Huxley, que se tornaria conhecido como "o buldogue de Darwin", tamanho seu empenho na defesa da teoria da evolução, participou em 30 de junho de 1860 – menos de um ano depois da publicação de *Origem* – de um debate em reunião da Associação Britânica para o Avanço da Ciência no Museu de História Natural da Universidade de Oxford. Um de seus oponentes era o bispo anglicano de Oxford, Samuel Wilberforce. Depois de perguntar à audiência como alguém poderia acreditar que a humanidade tivesse surgido de ostras, Wilberforce dirigiu-se a Huxley com uma provocação: seria ele parente de um macaco por parte do avô ou da avó? Depois de refutar os argumentos anatômicos de Wilberforce, Huxley saiu-se com uma resposta elegante dizendo que preferia ter um miserável macaco como avô do que um homem que introduzisse o ridículo numa discussão científica séria.[48]

Há muitas razões para acreditar que Darwin, mesmo um dia tendo cogitado tornar-se pastor, transformou-se ao longo da vida num ateu, ou, mais precisamente, num agnóstico – alguém que considera incognoscíveis os temas da metafísica e da religião, exatamente por não serem passíveis de corroboração por meio de observações empíricas. Em sua *Autobiografia*, escrita em 1876, portanto apenas seis anos antes de morrer, ele afirma: "Nunca me ocorrera o quanto era ilógico eu dizer que acreditava no que não conseguia compreender e que, na verdade, é ininteligível. Talvez eu tenha dito, com sinceridade, que não queria questionar dogma algum, mas nunca fui tolo a ponto de sentir e dizer *credo quia incredible* [creio por ser incrível]".[49]

Seria um despropósito, no entanto, interpretar sua obra e seu pensamento como peças de propaganda ateísta, como até hoje – 150 anos depois de *Origem das Espécies* – alguns fundamentalistas ainda a avaliam. Para sustentar sua interpretação da natureza, Darwin poderia tanto acreditar como não acreditar em Deus, pois a rigor essa questão é irrelevante para seu pensamento. Talvez seja exatamente isso que religiosos de todas as

---

[48] *Darwin's Origin of Species*, p. 96.

[49] *Autobiografia*, p. 49.

confissões não consigam lhe perdoar: o fato de ter dispensado a necessidade de um Criador para explicar e compreender a Criação. Essa é a faceta verdadeiramente contemporânea de sua contribuição e está na raiz de toda a ciência natural; não impede que um cientista do presente entretenha crenças de caráter sobrenatural (muitos as têm, como Francis Collins, líder do Projeto Genoma Humano nos Estados Unidos), somente que ele as misture com sua atividade profissional de (tentar) explicar o mundo, pois elas são por definição insuscetíveis de verificação empírica – seu teste está na fé, portanto no mundo interior do sujeito.

AS LÁGRIMAS DE DARWIN

Mais equivocado ainda seria supor que Darwin tenha experimentado algum tipo de satisfação com tamanha contribuição para deslocar a religião do centro da vida social. Não falta quem atribua sua tendência para a reclusão em Downe, e até sua saúde débil, aos conflitos e desgostos suscitados pela controvérsia aberta por *Origem das Espécies*. No que toca à saúde, pelo menos, parece mais provável que a fonte de todos os seus males encontre explicação em alguma doença tropical contraída durante a viagem do Beagle pelo mundo, talvez até uma doença de Chagas adquirida no Brasil ou na Argentina, como especula Ernst Mayr.[50] Se é que a religião esteve de fato na raiz de seus tormentos, parece plausível que seu desgosto tenha decorrido mais da ofensa implícita e incontor-

[50] Introdução, *On the Origin of Species*, p. ix.

nável à fé de sua companheira de toda a vida, Emma, do que por consideração ao clero ou àqueles atacavam sua teoria para preservar a primazia do dogma.

Essa especulação biográfica encontra apoio num documento particular comovente, exposto com certo destaque na exposição sobre Darwin organizada pelo Museu Americano de História Natural de Nova York, que circulou pelo Brasil a partir de maio de 2007. Em fevereiro de 1839, Emma Darwin escreveu ao marido: "Que o hábito do conceito científico de em nada acreditar até que seja provado não influencie muito também a sua mente em outras coisas que não podem ser comprovadas da mesma maneira e que, se realmente verdadeiras, provavelmente estarão acima da nossa compreensão". Darwin, de seu lado, anotou no documento: "Quando eu estiver morto, saiba que muitas vezes beijei e chorei sobre esta".

A carta e a anotação sobre ela testemunham duas coisas importantes acerca de Darwin: primeiro, que ele não recuou um milímetro em suas convicções científicas; segundo, que, apesar das implicações de certo modo devastadoras de seu pensamento para a religião, manteve o respeito por aqueles que creem, ao menos na pessoa de sua mulher. Nem sempre uma atitude assim tolerante, ainda que inflexível no que mais importa, pode ser encontrada entre seguidores e adversários de Darwin, o que só aumenta o número de seus ensinamentos que não foram adequadamente assimilados. São raríssimos os exemplos como o do biólogo Edward O. Wilson, que escreveu seu livro *A Criação – Como Salvar a Vida na Terra*[51] na forma de uma carta a um pastor evangélico para, ainda que

---

[51] São Paulo: Companhia das Letras, 2008. Tradução de Isa Mara Lando.

reafirmando a diferença irredutível entre seu ponto de vista agnóstico e a fé criacionista do interlocutor imaginário, enfatizar que há mais razões para reuni-los do que para separá-los, a começar pelo respeito e pela defesa da vida.

Se vivesse nos dias de hoje, Darwin possivelmente aplaudiria a perspectiva esclarecida proposta por Wilson para desanuviar as relações entre ciência e religião. Não seria de esperar outra coisa de alguém que conclui sua obra mais importante com estas palavras inspiradas sobre a intricada beleza do mundo natural e o portentoso fenômeno da vida, um dos parágrafos mais citados – com toda justiça – na história da biologia:

> *É interessante contemplar-se uma vertente verdejante revestida de diversos tipos de plantas, com pássaros cantando nos ramos das árvores, uma variedade de insetos adejando pelo ar, além dos pequenos seres vivos rastejando naquela terra úmida, e então refletir que essas formas construídas de maneira tão elaborada, cada qual tão diferente da outra, e contudo de uma interdependência tão complexa, teriam todas sido produzidas por leis que prosseguem atuando neste nosso mundo. E essas leis, de maneira geral, são as que se seguem: a do Crescimento, que caminha ao lado da de Reprodução; a da Hereditariedade, quase sempre englobada na precedente; a da Variabilidade, decorrente da ação direta e indireta das condições externas de vida e do uso e desuso; a da Multiplicação dos Indivíduos, tão acelerada que acaba por acarretar a Luta pela Existência, e consequentemente a da Seleção Natural, atrás da qual seguem a da Divergência dos Caracteres e a da Extinção das Formas menos aptas. Assim, é da batalha natural, é da fome e da morte que advém o mais elevado objetivo que somos capazes de conceber: a produção de*

animais superiores. Existe efetiva grandiosidade neste modo de encarar a Vida que, juntamente com todas as suas diversas capacidades, teria sido insuflada numas poucas formas, ou talvez numa única, e que, enquanto este planeta continua a girar, obedecendo à imutável Lei da Gravidade, as formas mais belas, mais maravilhosas, evoluíram a partir de um início tão simples, e ainda prosseguem hoje em dia neste desenvolvimento.[52]

---

[52] *Origem das Espécies*, p. 366 [489-490]. Em inglês o trecho soa bem mais inspirado que a tradução: "It is interesting to contemplate an entangled bank, clothed with many plants of many kinds, with birds singing on the bushes, with various insects flitting about, and with worms crawling through the damp earth, and to reflect that these elaborately constructed forms, so different from each other, and dependent on each other in so complex a manner, have all been produced by laws acting around us. These laws, taken in the largest sense, being Growth with Reproduction; Inheritance which is almost implied by reproduction; Variability from the indirect and direct action of the external conditions of life, and from use and disuse; a Ratio of Increase so high as to lead to a Struggle for Life, and as a consequence to Natural Selection, entailing Divergence of Character and the Extinction of less-improved forms. Thus, from the war of nature, from famine and death, the most exalted object which we are capable of conceiving, namely, the production of the higher animals, directly follows. There is grandeur in this view of life, with its several powers, having been originally breathed into a few forms or into one; and that, whilst this planet has gone cycling on according to the fixed law of gravity, from so simple a beginning endless forms most beautiful and most wonderful have been, and are being, evolved".

CONCLUSÃO: 150 ANOS DE EVOLUÇÃO

Darwin terminou sua *Autobiografia* com a seguinte afirmação: "Com as modestas habilidades mentais que possuo, é realmente surpreendente, portanto, que eu tenha influenciado, em medida considerável, as crenças dos cientistas sobre algumas questões importantes". São palavras só em aparência humildes, vindas de um grande colecionador de besouros, de observações e de reflexões, que influenciou não só os cientistas (e não só os de sua época), e que foi muito além de umas poucas questões, mesmo que todas importantes.

Após o sucesso e a controvérsia estrondososa de *Origem das Espécies*, o naturalista recluso em Downe aplicou a evolução por seleção natural a dois temas em larga medida omitidos de sua obra maior: o homem e seu comportamento. Daí resultaram dois livros que não serão aqui discutidos nem apresentados, *The Descent of Man, And Selection in Relation to Sex* (A Descendência do Homem e a Seleção em Relação ao Sexo), de 1871, e *The Expression of The Emotions in Man and Animals* (A Expressão das Emoções no Homem e nos Animais), de 1872. Escreveu ainda uma miscelânea de obras técnicas sobre temas que iam de orquídeas a plantas insetívoras e de trepadeiras a mofo e vermes. Ao morrer, em 1882, Darwin era provavelmente o cientista mais conhecido de seu tempo, ao menos no Reino Unido, e foi enterrado com honras na abadia de Westminster.

Sua contribuição para a ciência biológica foi decisiva, como se depreende da frase de Theodosius Dobzhansky já mencionada na introdução: "Nada em biologia faz sentido a não ser sob a luz da evolução". Isso se tornou especialmente válido nas primeiras décadas do século 20, quando, graças ao trabalho entre outros de Dobzhansky, a nascente ciência da genética passou a esclarecer as minúcias da mecânica da hereditariedade que permaneciam como o ponto mais obscuro da evolução por seleção natural.

Sem saber do trabalho com ervilhas do monge austríaco e seu contemporâneo Gregor Mendel (1822-84) sobre as leis da hereditariedade, publicado em 1866, mas em certa medida ignorado até a virada do século, Darwin valeu-se de uma confusa explicação (pangênese) para a transmissão de características de uma geração a outra. Com a redescoberta de Mendel em 1900 e o vertiginoso desenvolvimento da genética nas cinco décadas seguintes, culminando com a confirmação do DNA como molécula da hereditariedade (1944) e com a descoberta de sua estrutura (1953), a teoria darwiniana foi reformulada no processo que ficou conhecido como Síntese Moderna, que permanece até hoje como a melhor explicação para o que pode ser observado nos organismos e espécies do presente e do passado (registro fóssil).

Ao contrário do que sustentam os criacionistas, a evolução darwiniana pode, sim, explicar a origem de todas as espécies, e o faz com o postulado da divergência das espécies a partir de um ancestral comum. Um postulado corroborado por observações empíricas, note-se bem, como a universalidade do DNA e de sua molécula-prima RNA; não existe explicação concorrente para essa constatação que seja igualmente testável e falseável. Da especulação de que Deus ou qualquer outra inteligência oculta tenha criado essa molécula, ou o primeiro ser vivo, não decorre nenhuma afirmação sobre possíveis evidências empíricas que possam ser buscadas e testadas para confirmá-la. No polo oposto, a explicação de inspiração darwiniana sugere que os primeiros seres vivos tenham sido organismos unicelulares muito simples, parentes próximos das arqueobactérias e bactérias ainda hoje existentes; com efeito, os vestígios fósseis mais antigos encontrados são formações lameladas com aspecto de cogumelo – "estromatólitos" de mais de 3 bilhões de anos – erguidos pela deposição contínua de minerais por microrganismos.

A evolução por seleção natural, se corretamente compreendida como "o resultado gradualmente acumulado que, visto em retrospectiva, parece ter sido intencional",[53] serviria até para explicar o surgimento da própria vida, pois configurações estáveis de moléculas orgânicas – como vesículas encapsuladoras de aminoácidos e possivelmente RNA – também sofreriam o efeito daquilo que Darwin preferiria ter chamado de "preservação natural". Dito de outra maneira: quantidades inimagináveis de sopas de moléculas orgânicas se

---

[53] Otavio Frias Filho, "Darwin e Seus Descendentes".

formaram ao longo de milhões de anos na infância da Terra, planeta surgido há uns 4,5 bilhões de anos, mas só "sobreviveram" delas as conformações mais estáveis e suscetíveis de partição com preservação de estruturas e componentes básicos, como moléculas capazes de catalisar a produção de cópias de si mesmas ou de fornecer um molde para a produção de um repertório mais ou menos definido de outros compostos.

Ora, isso constitui algo mais do que "só uma teoria" – trata-se de uma hipótese científica da qual se podem derivar proposições factuais verificáveis por teste empírico, por exemplo, a simulação das condições físico-químicas primordiais na Terra para comprovar a formação de vesículas estáveis. Não se está afirmando aqui que essa hipótese já se encontra corroborada, somente que ela deu origem a uma linha de pesquisas que até o presente não foi capaz de excluí-la – muito ao contrário. Assim funciona a ciência, por incrementos provisórios, verificados ou não a cada passo.

Essa capacidade de levar à produção de conhecimentos novos com base factual é o que distingue o pensamento científico – sua qualidade "heurística", como se diz em filosofia da ciência – do pensamento especulativo, metafísico ou teológico. Se de fato coubesse falar em "superioridade" do conhecimento científico,[54] aí estaria o seu fulcro. Decerto a percepção de que Darwin subtraiu para sempre da jurisdição religiosa, por força dessa fecundidade, um domínio crucial na formação dos sujeitos – a própria vida e suas origens – está na raiz da reação ainda hoje virulenta dos teólogos e clérigos à sua obra e à sua

---

[54] Do ponto de vista da eficácia, não resta dúvida de que o conhecimento científico é superior – aí estão todas as aplicações tecnológicas para demonstrá-lo. Mas a eficácia não pode ser um critério decisivo para todas as formas de pensamento, como no caso da ética, em que se encontra em pauta não o ser, mas o dever-ser.

herança. Criacionistas (e seus coadjuvantes adeptos do *design* inteligente) estão há mais de 150 anos na contramão da história, impugnando algo que nenhum cientista digno do nome se preocupa mais em negar, a saber, o mecanismo da evolução por seleção natural.

BIOFOBIA

Guardadas as devidas proporções, atitude refratária até certo ponto comparável pode ser encontrada no domínio das ciências humanas. De início, foi uma reação saudável às aplicações mecânicas e simplistas do darwinismo ao domínio social, no diapasão conservador e retrógrado que vai de Herbert Spencer à disciplina "científica" da eugenia. Mas filósofos, sociólogos e psicólogos desenvolveram uma espécie de "biofobia",[55] ou seja, uma resistência a incorporar em suas hipóteses e explicações qualquer consideração para o substrato biológico e evolucionista que de uma maneira ou outra baliza o florescimento espetacular das culturas. Por maior e mais justificada que seja a ojeriza a trabalhar com o conceito ideologicamente carregado de "natureza humana", que tantos pretextos deu no passado para resvalar na falácia naturalista de tomar o padrão observado como norma a ser seguida, não há motivo racional para esquivar-se do desafio de equacionar as relações entre natureza e cultura, nem para manter indefinidamente separados dois domínios da existência humana que, na vida concreta em sociedade, estão o tempo todo amalgamados.

---

[55] Otavio Frias Filho, citando o sociólogo americano Lee Ellis.

O caráter um tanto tosco de iniciativas como a sociobiologia dos anos 1970 e sua versão remasterizada como psicologia evolucionista, dos anos 1990, de fato não autoriza entusiasmo para com essa perspectiva. O simplismo dessas tentativas canhestras, contudo, não é justificativa para comportar-se como se o problema do dualismo insustentável entre cultura e natureza tivesse deixado de existir. O melhor que o pensamento social tem a fazer, em lugar de resistir em barricadas contra investidas de psicólogos evolucionistas como Steven Pinker,[56] contra o que chama pejorativamente de "modelo padrão das ciências sociais", é adiantar-se a eles e produzir uma espécie de "síntese social moderna" que incorpore o que a genética comportamental e a neurociência estão revelando sobre os fatores biológicos condicionantes da vida em sociedade, de modo a tentar tornar menos descritiva – ou menos especulativa – a busca por sua explicação e fundamentação.

Há alguns autores, não tantos quanto seria desejável, preocupados com essa intersecção no campo das ciências humanas,[57] mas este não seria o espaço mais adequado para discutir e avaliar suas produções. Em caráter quase que de provocação, no bom sentido, destaca-se aqui tão-somente a contribuição de Peter Singer, um bioeticista utilitarista mais conhecido por suas teses polêmicas acerca de questões de vida e morte e por sua militância em favor dos direitos animais. Ele é o autor de um livrinho esclarecedor, *A Darwinian Left* (Esquerda Darwiniana), em que, depois de fazer um

---

[56] *The Blank Slate. The Modern Denial of Human Nature.* Londres: Penguin/Allen Lane, 2002.

[57] Como Paul Rabinow, Marilyn Strathern e Susan Franklin; no Brasil, Laymert Garcia dos Santos e Eduardo Viveiros de Castro, entre outros.

breve histórico das relações tensas entre marxismo e darwinismo, advoga que os herdeiros do pensamento de esquerda, após o trauma da queda do Muro de Berlim e das ilusões perdidas sobre a plasticidade infinita do humano, devem reinventar-se buscando no evolucionismo parâmetros mais objetivos e realistas sobre os quais embasar sua ação política.

Nessa obra, transcrição de uma conferência nos Seminários Darwin da London School of Economics,[58] Singer sumariza dois conjuntos de recomendações para futuros progressistas darwinianos. Primeiro, o que eles *não* deveriam fazer:

- Negar a existência da natureza humana;
- Insistir que ela seja inerentemente boa ou maleável;
- Manter a esperança de erradicar conflitos entre seres humanos por meio de revolução, mudança social ou educação;
- Presumir que toda a desigualdade, sem exceção, tenha origem em discriminação, preconceito ou opressão.[59]

Em seguida, o que eles deveriam, sim, passar a fazer:

- Procurar saber mais sobre a natureza humana, para que suas políticas se baseiem na melhor evidência possível;
- Rejeitar toda inferência que torne "correto" o que é "natural";
- Contar que, em qualquer sistema socioeconômico, as pessoas agirão de maneira competitiva

[58] Parte do programa Darwin@LSE, coordenado por Helena Cronin e Oliver Curry.
[59] *A Darwinian Left*, pp. 60-61.

para obter *status*, riqueza ou poder, para si próprias ou seus parentes;

- Contar que, apesar disso, a maioria das pessoas reagirá positivamente a oportunidades genuínas de cooperação com benefício mútuo;
- Promover estruturas que favoreçam a cooperação, antes da competição, ou que canalizem a competição para resultados socialmente desejáveis;
- Reconhecer que a exploração de animais não-humanos é um legado pré-darwiniano, baseado numa dicotomia essencialista e numa visão antropocêntrica que justificavam a dominação do homem sobre a natureza, mas não têm mais razão de ser;
- Perseverar nos valores tradicionais da esquerda, como posicionar-se do lado dos mais fracos, pobres e oprimidos, mas examinar com grande cuidado quais mudanças sociais e econômicas de fato poderão beneficiá-los.[60]

É um tanto arriscado especular sobre o que Darwin pensaria dessa aplicação radical de seus ensinamentos e da tradição de pesquisas biológicas que iniciou ao domínio das relações humanas e da política. Assumindo o risco, não seria disparatado imaginar que se mostraria simpático, se servirem de baliza suas muitas observações solidárias aos negros e escravos brasileiros, por exemplo. Talvez ele dissesse até mesmo que há grandeza nessa visão da vida.

---

[60] Idem, pp. 61-62.

CRONOLOGIA

12 de fevereiro de 1809 – Charles Darwin nasce em Shrewsbury, Inglaterra, filho de Robert Waring Darwin e Susannah (nascida Wedgwood).

1817 – Morte da mãe.

1825 – Matricula-se na Universidade de Edimburgo, Escócia, para estudar medicina.

1827 – Admissão no Christ's College da Universidade de Cambridge.

1831 – Obtém grau de bacharel em artes. Dias depois, recebe carta de John Henslow, com convite para embarcar como naturalista do navio *H.M.S.* Beagle.

27 de dezembro – O Beagle parte de Plymouth.

1832-35 – Percurso do Beagle pelas costas da América do Sul (Brasil, Uruguai, Argentina, Chile, Peru, ilhas Galápagos).

1835 – Beagle deixa as Galápagos em direção ao Taiti.

Novembro de 1835 a outubro de 1836 – Beagle visita Taiti, Nova Zelândia, Austrália, ilhas Cocos, Keeling e Maurício, África do Sul, Açores e retorna a Plymouth.

1836-38 – Darwin passa a viver em Londres e inicia redação de seu relato de viagem, além de artigos técnicos.

1839 – Casa-se com a prima Emma Wedgwood. No mesmo ano publica seu *Diário de Pesquisas*, mais conhecido como *A Viagem do Beagle.*

1842 – Muda-se para Down House, na localidade de Downe, onde moraria até o fim da vida. Escreve o primeiro esboço de sua teoria de "descendência com modificação".

1844 – Escreve um ensaio mais longo sobre a evolução, nunca publicado. Lança volume sobre geologia da viagem do Beagle.

1848 – Morte do pai.

1851 – Morte da filha Anne, aos 10 anos.

1854 – Publica última parte de tratado sobre cracas.

1856 – Por recomendação do geólogo Charles Lyell, começa a escrever sua teoria de seleção natural.

Junho de 1858 – Recebe carta de Alfred Russel Wallace com ensaio sobre transformação de espécies com ideias similares às suas. No dia 28, morre outro filho, o bebê Charles.

1º de julho – Trabalhos de Darwin e Wallace são lidos na Sociedade Lineana de Londres, na ausência de ambos.

24 de novembro de 1859 – Editor John Murray publica o livro *Origem das Espécies por Meio de Seleção Natural, ou Preservação das Raças Favorecidas na Luta pela Vida*.

1863 – Saúde começa a piorar gravemente.

1868 – Publica *Variação de Animais e Plantas Sob Domesticação.*

1871 – Publica *A Descendência do Homem e Seleção em Relação ao Sexo*.

1872 – Publica *Expressão das Emoções no Homem e nos Animais*.

1876 – Escreve uma memória autobiográfica para seus filhos e netos.

19 de abril de 1882 – Morre aos 73 anos e é sepultado na abadia de Westminster (Londres).

BIBLIOGRAFIA E *SITES*

BIBLIOGRAFIA UTILIZADA

Janet Browne, *Darwin's Origin of Species – A Biography.* Nova York: Grove Press, 2006.

Charles Darwin, *Origem das Espécies.* Tradução de Eugênio Amado. São Paulo: Edusp, 1985.

______, *Autobiografia 1809-1882.* Tradução de Vera Ribeiro. Rio de Janeiro: Contraponto, 2000.

______, "The Voyage of the Beagle". Em: *Darwin: The Indelible Stamp. The Evolution of an Idea.* Editado e comentado por James Watson. Philadelphia, Penn.: Running Press, 2005.

Otavio Frias Filho, "Darwin e Seus Descendentes". Em: *Piauí*, nº 18, março de 2008. Reeditado em *Seleção Natural.* São Paulo: Publifolha, no prelo [2009].

Maria Isabel Landim e Cristiano Rangel Moreira (Orgs.). *Charles Darwin. Em um Futuro não tão Distante.* São Paulo: Instituto Sangari, 2009.

Ernst Mayr, "Introduction". Em: *On the Origin of Species. A Facsimile of the First Edition With an Introduction by Ernst Mayr*. Cambridge, Mass.: Harvard University Press, 1995 (1964).

_______. *Biologia, Ciência Única*. São Paulo: Companhia das Letras, 2005. Tradução de Marcelo Leite.

Diogo Meyer e Charbel Niño El-Hani, *Evolução: o Sentido da Biologia*. São Paulo: Editora Unesp, 2005.

Peter Singer, *A Darwinian Left. Politics, Evolution and Cooperation*. New Haven, Conn.: Yale University Press, 2000.

Sandro de Souza. *A Goleada de Darwin*. Rio de Janeiro: Editora Record, no prelo [2009].

Patrick Tort, *Charles Darwin. The Scholar Who Changed Human History*. Londres: Thames and Hudson, 2001. Tradução do francês de Paul G. Bahn.

SITES

Darwin@LSE (London School of Economics)
http://www.lse.ac.uk/collections/darwin/

Exposição "Darwin" do Museu Americano de História Natural de Nova York e do Instituto Sangari
http://www.darwinbrasil.com.br/darwin/

The Complete Work of Charles Darwin Online
http://darwin-online.org.uk/

The TalkOrigins Archive
(documentos sobre a controvérsia criacionismo vs. darwinismo) http://www.talkorigins.org

Tree of Life Web Project
http://tolweb.org/tree/

AGRADECIMENTOS

Agradeço a Sandro José de Souza e a Claudia Mattos Kober pela leitura atenta e generosa deste manuscrito, que resultou em ajustes imprescindíveis.

SOBRE O AUTOR

Marcelo Leite é jornalista, colunista da *Folha de S.Paulo* e responsável pelo blog Ciência em Dia (cienciaemdia.folha.blog.uol.com.br). Doutor em Ciências Sociais pela Unicamp, publicou os livros *Ciência – Use Com Cuidado* (Editora da Unicamp, 2008) e *Promessas do Genoma* (Editora Unesp, 2007), além de três títulos para a série "Folha Explica" – *Os Alimentos Transgênicos* (2000), *A Floresta Amazônica* (2001) e *O DNA* (2003) – e outros livros de divulgação científica. Recebeu em 2005 o Prêmio José Reis de Jornalismo Científico. Em 1997-98, foi *Nieman Fellow* da Universidade Harvard.

FOLHA
EXPLICA

Folha Explica é uma série de livros breves, abrangendo todas as áreas do conhecimento e cada um resumindo, em linguagem acessível, o que de mais importante se sabe hoje sobre determinado assunto.

Como o nome indica, a série ambiciona *explicar* os assuntos tratados. E fazê-lo num contexto brasileiro: cada livro oferece ao leitor condições não só para que fique bem informado, mas para que possa refletir sobre o tema, de uma perspectiva atual e consciente das circunstâncias do país.

Voltada para o leitor geral, a série serve também a quem domina os assuntos, mas tem aqui uma chance de se atualizar. Cada volume é escrito por um autor reconhecido na área, que fala com seu próprio estilo. Essa enciclopédia de temas é, assim, uma enciclopédia de vozes também: as vozes que pensam, hoje, temas de todo o mundo e de todos os tempos, neste momento do Brasil.

1 MACACOS — Drauzio Varella
2 OS ALIMENTOS TRANSGÊNICOS — Marcelo Leite
3 CARLOS DRUMMOND DE ANDRADE — Francisco Achcar
4 A ADOLESCÊNCIA — Contardo Calligaris
5 NIETZSCHE — Oswaldo Giacoia Junior
6 O NARCOTRÁFICO — Mário Magalhães
7 O MALUFISMO — Mauricio Puls
8 A DOR — João Augusto Figueiró
9 CASA-GRANDE & SENZALA — Roberto Ventura
10 GUIMARÃES ROSA — Walnice Nogueira Galvão
11 AS PROFISSÕES DO FUTURO — Gilson Schwartz
12 A MACONHA — Fernando Gabeira

13 O PROJETO GENOMA HUMANO — Mônica Teixeira
14 A INTERNET — Maria Ercilia e Antônio Graeff
15 2001: UMA ODISSEIA NO ESPAÇO — Amir Labaki
16 A CERVEJA — Josimar Melo
17 SÃO PAULO — Raquel Rolnik
18 A AIDS — Marcelo Soares
19 O DÓLAR — João Sayad
20 A FLORESTA AMAZÔNICA — Marcelo Leite
21 O TRABALHO INFANTIL — Ari Cipola
22 O PT — André Singer
23 O PFL — Eliane Cantanhêde
24 A ESPECULAÇÃO FINANCEIRA — Gustavo Patú
25 JOÃO CABRAL DE MELO NETO — João Alexandre Barbosa
26 JOÃO GILBERTO — Zuza Homem de Mello
27 A MAGIA — Antônio Flávio Pierucci
28 O CÂNCER — Riad Naim Younes
29 A DEMOCRACIA — Renato Janine Ribeiro
30 A REPÚBLICA — Renato Janine Ribeiro
31 RACISMO NO BRASIL — Lilia Moritz Schwarcz
32 MONTAIGNE — Marcelo Coelho
33 CARLOS GOMES — Lorenzo Mammì
34 FREUD — Luiz Tenório Oliveira Lima
35 MANUEL BANDEIRA — Murilo Marcondes de Moura

36 MACUNAÍMA — Noemi Jaffe
37 O CIGARRO — Mario Cesar Carvalho
38 O ISLÃ — Paulo Daniel Farah
39 A MODA — Erika Palomino
40 ARTE BRASILEIRA HOJE — Agnaldo Farias
41 A LINGUAGEM MÉDICA — Moacyr Scliar
42 A PRISÃO — Luís Francisco Carvalho Filho
43 A HISTÓRIA DO BRASIL NO SÉCULO 20 (1900-1920) — Oscar Pilagallo
44 O MARKETING ELEITORAL — Carlos Eduardo Lins da Silva
45 O EURO — Silvia Bittencourt
46 A CULTURA DIGITAL — Rogério da Costa
47 CLARICE LISPECTOR — Yudith Rosenbaum
48 A MENOPAUSA — Silvia Campolim
49 A HISTÓRIA DO BRASIL NO SÉCULO 20 (1920-1940) — Oscar Pilagallo
50 MÚSICA POPULAR BRASILEIRA HOJE — Arthur Nestrovski (org.)
51 OS SERTÕES — Roberto Ventura
52 JOSÉ CELSO MARTINEZ CORRÊA — Aimar Labaki
53 MACHADO DE ASSIS — Alfredo Bosi
54 O DNA — Marcelo Leite
55 A HISTÓRIA DO BRASIL NO SÉCULO 20 (1940-1960) — Oscar Pilagallo

74	JUNG	Tito R. de A. Cavalcanti
75	O AQUECIMENTO GLOBAL	Claudio Angelo
76	MELANIE KLEIN	Luís Claudio Figueiredo e Elisa Maria de Ulhôa Cintra
77	TOM JOBIM	Cacá Machado
78	MARX	Jorge Grespan
79	ROBERTO CARLOS	Oscar Pilagallo
80	DARWIN	Marcelo Leite

Este livro foi composto nas fontes
Bembo e Geometric 415 e impresso em
fevereiro de 2009 pela gráfica RR Donnelley,
sobre papel offset 90 g/m².